第一厨娘

为爱下厨房

家常菜

U0362980

孙晓鹏（YOYO）◎主编

吉林科学技术出版社

为爱下厨房

　　小时候，家常饭菜的味道就是妈妈的味道。还记得那时候，每到吃饭的时间，总是积极地坐在餐桌边，捧着属于自己的小小碗筷，期待着妈妈从厨房里端出来一道道散发着诱人香味的菜肴。酸甜苦辣咸，构成了童年对家和妈妈的记忆。

　　后来离家求学、工作，吃过数不清的食堂和饭店。无论是低廉的路边摊、大排档，或是快捷的盒饭、便当，还是珍馐满席的酒席、饭馆，同样的酸甜苦辣，却唯独缺少了家的味道、缺少了妈妈的味道。其实，很多大厨的手艺出神入化，做出来的菜肴色、香、味、意、形无一不美，但在我的心里都敌不过妈妈腰系围裙从厨房里端出来的一碗白米饭。因为妈妈做的饭菜里，有对我们的爱。

　　再后来，找到了我爱的那个人，组成了自己的家庭。为了让家人吃得安心、吃得健康，我决定自己下厨。可是从小在妈妈的呵护下长大，论吃我是天下无敌，说做我却无能为力。有时候我会想，如果能像游戏中学习技能那样学会做饭，那该多好啊！怎奈愿望是美好的，现实是残酷的，我只能学着妈妈的样子系上围裙，试图在厨房中打拼出一片自己的江湖！

　　所幸动起手来之后，我发现做菜其实也不是特别困难，掌握了要领之后，下厨房甚至是一件很有乐趣的事情。当然，如果不算上洗菜、刷锅、刷碗……就更好啦！摆弄着厨房里的锅锅铲铲、瓶瓶罐罐，我仿佛成了指挥家，把五味调料和五色食物调和在一起，慢慢的，我学会了烹制出妈妈的味道。从一个吃货变成一个厨娘，这种变化不可思议，但也顺理成章。

几年过去了，我已非当年吴下阿蒙，煎炒烹炸再也难不倒我。看着家人喜欢我做的饭菜，心里满是喜悦，做饭也渐渐变成了兴趣。每次尝试新的菜肴，都是一次小小的挑战；每次听到亲友的称赞，都是一次小小的成功。女人果然是虚荣的，让这种虚荣来得更猛烈一些吧！

作为过来人，我知道新手下厨房的难处，也体验过面对食材和菜刀无从着手的窘境。我想对那些即将走入厨房的新主妇、立志自己做美食的新厨娘们说，其实做饭一点儿也不难，理顺每一个步骤，随心所欲一些，美味往往就在不经意中出现了。我把做菜的步骤分为准备工作和制作方法：准备工作是对食材的处理，切条切丁不必太在意；制作方法是对味道的烹调，甜点儿咸点儿无伤大雅。菜谱不是圣旨，食材的选用也不是一成不变的，完全可以根据自己冰箱里的储备来调整和选择。而且，这也是发挥个人创意的过程，没准儿哪位高手就能用豆腐做出熘肉段来呢！

自己成家之后，过着日复一日的生活，这才体会出小时候妈妈为全家人准备饭菜的不容易。别的不说，单单"下顿饭吃什么"这个小问题就不知道杀死了我多少脑细胞。所以，我就想有没有一本专门为新主妇、新厨娘准备的菜谱，看起来不那么难，可以为每餐的准备提供一些借鉴。感谢朋友的帮助，才有了这样一套书。希望这套书可以让刚刚走进厨房的您从此热爱烹饪，把爱通过美食传递给那些我们深爱着的人！

目录 CONTENTS

{ 禽肉蛋类 }

CONTENTS 目录

{ 蔬菜类 }

目录 CONTENTS

{ 豆制品 }

CONTENTS 目录

{ 水产类 }

禽肉蛋类

贵妃鸡翅

🍲 原料

新鲜鸡翅500克
大葱20克
老姜20克

🥢 调料

味精4克 ┄┄┄ 可用鸡精代替
精盐适量
料酒20毫升 ┄┄┄ 可用黄酒代替
生抽10毫升

老抽5毫升
贵妃醋10毫升 ┄┄┄ 可用清水代替
高汤100毫升

准备工作

1. 准备好新鲜鸡翅（市场有售）及相应的大葱、老姜。

2. 将鸡翅洗净，放入沸水锅中，同姜片、大葱一起飞水去异味，捞出沥水。

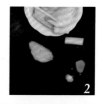

3. 将老姜切成条状，同鸡翅一起放入碗中。

4. 往碗中放入适量的精盐、味精。

5. 放入适量的料酒、生抽。

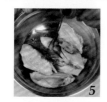

6. 放入调料后，用筷子拌匀，腌制20分钟。

7. 将腌制好的鸡翅，放入八成热油锅中，炸至变色，捞出控油。

8. 锅留底油，放入葱丝、姜丝，煸炒出香味，再放入鸡翅、贵妃醋翻炒。

制作步骤

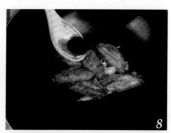

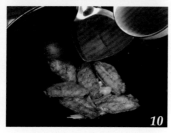

9. 炒片刻，放入适量的老抽。

10. 最后放入适量的高汤，烧开后，将鸡翅小火炖入味即可。

美丽的坚持
鸡翅5种吃法

可乐鸡翅

🍲 原料
新鲜鸡翅500克
大葱20克
姜丝20克
可乐500毫升

🥄 调料
白糖6克 ⋯⋯ 可用冰糖代替
鸡精5克 ⋯⋯ 可用味精代替
精盐7克
料酒20毫升 ⋯⋯ 可用黄酒代替

生抽10毫升
老抽5毫升
植物油300毫升

🍳 准备工作

1. 准备新鲜鸡翅500克（市场有售），洗净备用。

2. 将洗净的鸡翅放入沸水锅中，加葱段、姜片焯水去异味，捞出控水。
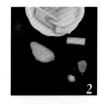

3. 将鸡翅放入碗中，加入姜丝、精盐。

4. 再放入适量的料酒。

5. 加入适量的生抽、老抽。

6. 加入调味后，用筷子拌匀，腌制20分钟。

制作步骤

7. 将腌制好的鸡翅，放入八成热油锅中，炸透后，捞出控油。

8. 将油倒出，炸过的鸡翅放入锅中，倒入可乐。

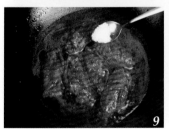

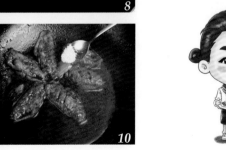

9. 加入适量的糖。

10. 放入少许鸡精，烧开后，转小火，将鸡翅炖入味收汁即可。

韭菜炒鸡蛋

🥣 原料

韭菜300克
鸡蛋2只 　可用鸭蛋代替
青椒50克

🥄 调料

精盐5克
植物油50毫升

一学就会
海瓜子蒸蛋

🍴 准备工作

1. 准备韭菜300克，鸡蛋2个，青椒50克。

2. 青椒洗净，去根蒂、籽，切成丝。

3. 将韭菜洗净，择去老叶，切成2厘米长的段。

4. 将鸡蛋打入碗中，加入少许精盐，用筷子快速搅拌，将蛋黄和蛋液搅拌均匀。

制作步骤

5. 锅中加入适量的植物油烧热，倒入打散的鸡蛋液。

6. 将鸡蛋煎至两面金黄，蛋液完全定型后，倒入盘中。

7. 锅中留底油烧热，放入韭菜、青椒丝翻炒均匀。

8. 再加入少许精盐调味，翻炒均匀。

9. 将韭菜炒至变软。

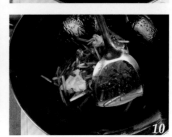

10. 最后，放入鸡蛋块翻炒均匀，出锅装盘即可。

苦瓜炒鸡蛋

🥘 原料

苦瓜300克
鸡蛋2只　　可用鸭蛋代替
红椒50克

蒜片20克
姜10克

🥄 调料

精盐5克　　可用味精代替
鸡精3克
植物油50毫升

🖌 准备工作

1. 准备苦瓜300克，鸡蛋2个，红椒50克，大蒜、姜各适量。

2. 红椒洗净，去根蒂、籽，切成丝。

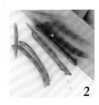

3. 将苦瓜洗净，剖开去内瓤，切成抹刀片，放入沸水中飞水，捞出沥水待用。

4. 将鸡蛋打入碗中，加少许精盐，用筷子快速搅拌，将蛋黄和蛋液搅拌均匀。

制作步骤

5. 锅中放入适量的油，烧热后，倒入打散的鸡蛋液。

6. 将鸡蛋煎至两面金黄，蛋液完全定型后，倒入盘中待用。

7. 锅中再放少许油，烧热后，放入蒜片、姜丝炒香，放入苦瓜片，翻炒均匀。

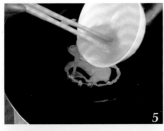

8. 放入红椒丝，加少许的精盐，调准味，将苦瓜和红椒炒断生。

9. 放入鸡蛋块，翻炒均匀。

10. 再放入少许的味精，翻炒均匀，出锅装盘即可。

洋葱炒鸡蛋

 原料

红萝卜丝200克
洋葱丝100克　　可用鸭蛋
鸡蛋2只　　　　代替
姜丝适量

调料

精盐5克
鸡精3克　　可用味精代替
植物油50毫升

🍳 准备工作

1. 准备胡萝卜丝200克，洋葱丝100克，鸡蛋2只，姜丝适量。

2. 胡萝卜切丝的方法：洗净后，先切成片，再叠起切丝。

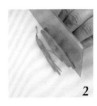

3. 洋葱切丝方法：洋葱去皮，洗净，切去根部，先从中间对切开，再切成丝。

4. 将鸡蛋打入碗中，加少许精盐，用筷子快速搅拌，将蛋黄和蛋清搅拌均匀。

制作步骤

5. 锅中放入适量的油，烧热后，倒入打散的鸡蛋液。

6. 将鸡蛋煎至两面金黄，蛋液完全定型后，倒入盘中待用。

7. 锅中再放少许油，烧热后，放入姜丝炒香，再放入胡萝卜丝，翻炒均匀。

8. 放入洋葱丝，翻炒均匀，炒至断生。

9. 放入鸡蛋块，翻炒均匀。

10. 最后，加入适量的精盐、鸡精，翻炒均匀，出锅装盘即可。

宫保鸡丁

🍲 原料

鸡脯肉400克
红椒50克
油炸花生米100克

🥄 调料

精盐5克
鸡精3克 ⸺ 可用味精代替
老抽6毫升

蒜薹粒少许
郫县豆瓣酱30克
植物油50毫升

🍳 准备工作

1. 准备鸡脯肉400克，红椒50克，油炸花生米100克。

2. 将红椒洗净，去除根蒂、籽，切成红椒丁待用。

3. 鸡脯肉洗净，去除筋膜，切成约0.7厘米见方的鸡肉丁。

4. 将鸡肉丁放入碗中，放入适量的鸡精。

5. 再放入适量的精盐。

6. 加入少许老抽，用筷子搅拌均匀，腌制10分钟。

---

7. 锅中放入适量的油，烧八成热，放入腌制的鸡肉丁。

8. 将鸡肉丁炸至上色，基本熟透，捞出控油。

制作步骤

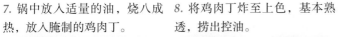

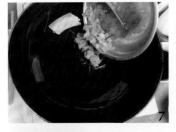

9. 锅留底油，放入过油后的鸡肉丁，再放入去皮后的油炸花生米，翻炒均匀。

10. 放入适量的郫县豆瓣酱，放入少许蒜薹粒，翻炒均匀，起锅装盘即可。

鸡丝炒荷兰豆

原料

鸡脯肉300克
荷兰豆100克
红椒50克
大蒜20克

调料

精盐8克
鸡精4克
味精4克
料酒15毫升

可用黄酒
代替

老抽6毫升
植物油15毫升

准备工作

1. 将鸡脯肉、荷兰豆、红椒、大蒜准备好，备用。

2. 荷兰豆洗净，择去老筋；大蒜去皮洗净，切成片。
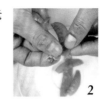

3. 将择洗净的荷兰豆放入沸水中，飞水后，捞出沥水。

4. 红椒洗净，去除根蒂、籽，切成块。

5. 将鸡脯肉洗净，去除筋膜，切成丝。

6. 将鸡脯肉丝放入碗中，加入适量的鸡精、味精、精盐、老抽、料酒，用筷子拌匀，腌制10分钟。

7. 锅中放入适量的油，烧热后，放入蒜片、腌制的鸡脯肉丝。

8. 翻炒片刻，放入荷兰豆，再翻炒均匀。

制作步骤

9. 放入红椒块，再加入适量的精盐、鸡精调味。

10. 翻炒均匀，将原料炒熟后，出锅装盘即可。

辣子鸡丁

🍵 原料　　　🥄 调料　　　　　　　　　　　可用黄酒代替

鸡脯肉300克　　鸡精4克　　　　　　料酒100毫升

大根100克　　　味精4克　　　　　　老抽6毫升

尖椒50克　　　　精盐8克　　　　　　植物油15毫升

🍳 准备工作

1. 准备鸡脯肉300克，大根（袋装，市场有售）100克，尖椒（红、绿搭配，颜色更好看）50克。

2. 大根洗净，切成0.8厘米见方的丁。

3. 鸡脯肉洗净，去除筋膜，切成0.8厘米见方的丁。

4. 将鸡脯肉丁放入碗中，加入适量的鸡精、味精。

5. 放入适量的精盐。

6. 再放入适量的老抽、料酒，放齐调料后，用筷子拌匀，腌制10分钟。

7. 锅中放入足量的食用油，烧七成热，放入肉丁。

8. 将鸡脯肉丁炸至变色，炸七成熟后，捞出控油。

制作步骤

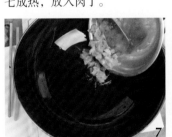

9. 锅留少许底油，放入大根丁，辣椒丁，翻炒均匀。

10. 放入鸡肉丁，不停地翻炒，翻炒3分钟左右，将原料炒熟后，起锅装盘即可。

老干妈爆仔鸡

🍲 原料

仔鸡1只（约500克）
姜片15克
大蒜10克

🥄 调料

精盐8克
老抽6毫升
绍酒15毫升   可用黄酒代替
生抽10毫升

植物油15毫升
郫县豆瓣酱20克
老干妈豆豉酱20克
高汤500毫升   可用清水代替

🍳 准备工作

1. 准备仔鸡1只，整理干净，备用。

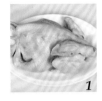

2. 将仔鸡斩成大小合适的块。

3. 将仔鸡块放入沸水中，焯去血水和杂味，捞出控水。

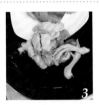

谈一场恋爱
三黄鸡炖蔬菜

制作步骤

4. 锅中放入适量的油，烧热后，放入姜片、大蒜，炒出香味；放入鸡肉块，翻炒片刻。

5. 放入适量的老抽、生抽、绍酒（也可以用料酒），翻炒均匀。

6. 加入适量的精盐。

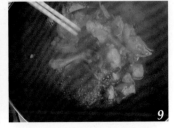

7. 放入适量的老干妈豆豉酱，翻炒均匀。

8. 加入足量的高汤（或者清水）。

9. 再放入适量的郫县豆瓣酱，翻炒均匀，烧开后，转小火，将鸡肉炖烂，起锅装盘即可。

毛豆鸡丁

🍲 原料

鸡脯肉300克

去荚毛豆150克

🥄 调料

鸡精4克

味精4克

精盐6克

老抽6毫升

料酒15毫升 ······· 可用黄酒代替

生抽10毫升

老干妈豆豉酱20克

植物油300毫升

🍳 准备工作

1. 将鸡脯肉、去壳毛豆准备好，备用。

2. 毛豆洗净，放入沸水中，焯水后捞出沥水。

3. 鸡脯肉洗净，去除筋膜，切成0.8厘米见方的丁。

4. 将鸡脯肉丁放入碗中，加入适量的鸡精、味精、精盐。

5. 再放入适量的老抽、料酒，放齐调料后，用筷子拌匀，腌制10分钟。

6. 锅中放入足量的食用油，烧七成热，放入肉丁，炸至变色，炸七成熟后，捞出控油。

7. 锅留少许底油，放入适量的老干妈豆豉，炒出香味。

制作步骤

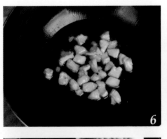

8. 放入焯水后的毛豆，加适量的生抽，煸炒3分钟。

9. 放入过油后的鸡肉丁及八角。

10. 不停地翻炒约4分钟左右，将原料炒熟后，起锅装盘即可。

鲜熘鸡丝

🍲 原料

鸡脯肉200克　　葱段10克
干笋50克　　　蒜10克
红椒丝20克
姜片10克

🥢 调料

精盐8克
鸡精4克　　　可用味精代替
料酒10毫升　　可用黄酒代替
生抽10毫升

老陈醋5毫升　　可用白醋代替
植物油15毫升
高汤50毫升　　可用清水代替

🍳 准备工作

1. 将鸡脯肉、干笋、红椒丝准备好，备用。

2. 鸡脯肉洗净，去除筋膜，切成丝。

3. 将鸡脯肉丝放入小碗中，加入适量的精盐、鸡精、料酒、生抽。

4. 加入调料后，用筷子拌匀，腌制10分钟。

5. 将干笋洗净，放入热水中，泡至软透，再煮至七成熟。

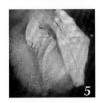

6. 捞出干笋，控去水分，切成笋丝。

7. 将鸡脯肉丝放入热水中，加姜片、葱段、蒜头，焯半分钟，捞出控水。

8. 锅中放入适量的油，烧热后，放入干笋丝，翻炒片刻。

制作步骤

9. 放入红椒丝、鸡脯肉丝，加入适量的鸡精、老陈醋，翻炒均匀。

10. 加入少许高汤，将原料炒熟后，起锅装盘即可。

小鸡烧蘑菇

🍵 原料

鸡肉400克
北小蘑菇（干）50克

🖌 调料

精盐6克
鸡精4克
味精4克
生抽10毫升
老抽5毫升
胡椒粉5克
料酒10毫升　　可用黄酒
　　　　　　　代替

花椒油10毫升
辣椒油5毫升
植物油100毫升
郫县豆瓣20克
高汤500毫升　　可用清水
生粉20克　　　代替
　　　　　　可用红薯粉
　　　　　　代替

🍳 准备工作

1. 准备东北小蘑菇（干）50克，放入温水中泡发待用。

2. 鸡肉400克，洗净后，斩成大小合适的块。

3. 将鸡肉块放入热水中，洗去血水，捞出控水。

4. 鸡肉块控水后，放入器皿中，加入适量的精盐、鸡精。

5. 放入适量的生抽、料酒、花椒油。

6. 加入少许的胡椒粉。

7. 放入适量的生粉，用筷子搅拌均匀，腌制10分钟。

制作步骤

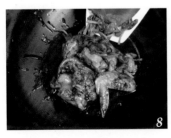

8. 锅中放入适量的油，烧热后，放入郫县豆瓣，炒出香味，放入腌制的鸡肉块，翻炒均匀，再放入小蘑菇。

9. 加入适量的老抽，翻炒均匀，放入适量的高汤，烧开后，转小火，将鸡肉炖熟。

10. 放入适量的味精、辣椒油，翻炒均匀，起锅装盘即可。

腊肉干笋

🍲 原料

腊肉300克
笋干100克
莴笋50克
干红椒30克
杭椒50克

🥄 调料

精盐5克
酱油5毫升 ⟶ 可用老抽代替
味精4克
料酒15毫升 ⟶ 可用黄酒代替
鸡精4克
植物油20毫升

准备工作

1. 先将笋干放入温水中浸泡半天，然后放入沸水中煮透。

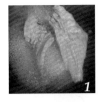

2. 将煮透的干笋，切成抹刀片，再用温水清洗干净。

3. 准干红椒30克，切去根蒂，再切成段。

4. 腊肉300克，洗净后，切成薄片。

制作步骤

5. 锅中放入适量底油，烧热后，放入腊肉片煸炒。

6. 再放入适量的莴笋片、红椒段，翻炒均匀。

7. 放入甘笋片，翻炒均匀。

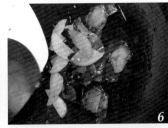

8. 加入适量的精盐、料酒。

9. 放入适量的酱油，再放入适量的杭椒段，翻炒均匀，将原料炒熟。

10. 最后，放入适量的鸡精、味精提鲜，翻炒均匀，起锅装盘即可。

蒜薹炒腊肉

🍲 原料

腊肉300克
蒜薹150克
大根60克
大葱20克

🥄 调料

精盐6克
鸡精4克
老抽5毫升 ⟶ 可用酱油代替
味精3克
植物油20毫升

多多吃萝卜
腊肉炒三蔬

🍳 准备工作

1. 准备腊肉300克，洗净后，切成薄片。

2. 将腊肉薄片放入沸水中，稍煮片刻，去除杂味，捞出沥水。

3. 准备蒜薹150克，洗净，切成3厘米长的段。

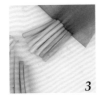

4. 将蒜薹段，放入沸水中，快速焯水后，捞出沥水。

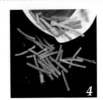

制作步骤

5. 锅中放入适量的油，烧热后，放入腊肉片煸炒片刻。

6. 放入适量的老抽，翻炒上色。

7. 放入蒜薹段，翻炒均匀。

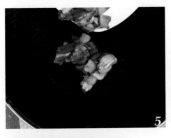

8. 再加入少许大根（大型超市有售）、大葱，翻炒均匀。

9. 加入适量的精盐，翻炒均匀，调味。

10. 最后加入适量的鸡精、味精提鲜，炒匀后，起锅装盘即可。

香葱炒腊肉

🍲 原料

腊肉300克
大葱100克
红椒70克
杭椒40克
姜片10克

🥄 调料

精盐5克
白糖4克
鸡精4克
味精4克
老抽5毫升
植物油20毫升

🍳 准备工作

1. 准备好腊肉、大葱、红椒、杭椒、姜片，备用。

2. 红椒洗净后，切成块；杭椒洗净，切成段；大葱去皮洗净，斜着切成片。

3. 腊肉洗净后，切成薄片。

4. 将腊肉薄片放入沸水中，稍煮片刻，去除杂味，捞出沥水。

制作步骤

5. 锅中放入适量的油，烧热后，放入腊肉片煸炒片刻。

6. 放入大葱、辣椒，翻炒均匀。

7. 加入适量的精盐，翻炒均匀，调准味。

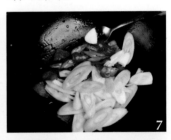

8. 加入少许的糖。

9. 加入适量的鸡精、味精提鲜。

10. 再加入少许的老抽上色，翻炒均匀，原料炒熟后，起锅装盘即可。

牛筋烩粉丝

🍲 原料

粉丝100克
熟牛筋150克
白米虾80克
杏鲍菇100克

🥄 调料

精盐5克
鸡精4克 ····· 可用味精代替
香油10毫升
熟油10毫升 ····· 可用猪化油代替

可用清水代替

高汤500毫升
生粉20克 ····· 可用红薯粉代替

🍳 准备工作

1. 将粉丝、熟牛筋、白米虾、杏鲍菇、生菜准备好，放入盘中待用。

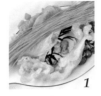

2. 将粉丝放入温水中，泡软后，捞出待用。

3. 杏鲍菇放入温水中，泡发后，捞出沥水。

4. 将牛筋洗净，改刀成小块。

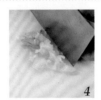

制作步骤

5. 将牛筋、杏鲍菇、白米虾放入锅中，放入高汤，大火烧开转中火。

6. 放入高汤后，中火炖约15分钟，放入精盐、鸡精。

7. 淋入熟油，搅拌均匀；然后放入粉丝，继续烧约4分钟。

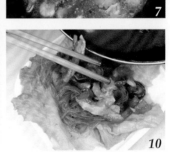

8. 淋入生粉芡汁，再烧开。

9. 加入香油，搅拌均匀。

10. 用生菜洗净垫底，将烧好的菜倒入盘中即可。

白萝卜烧牛肉

🍲 原料

牛肉400克
白萝卜300克
老姜20克
大蒜20克
干红椒20克

🍳 调料

老抽5毫升 ···· 可用酱油代替
精盐5克 ···· 可用味精代替
鸡精4克
植物油20毫升
高汤500毫升 ···· 可用清水代替

怎样做咖喱牛肉
好吃的三个要点

🖌 准备工作

1. 将牛肉、白萝卜（洗净，切滚刀块，如图）、老姜、大蒜、干红椒准备好，备用。

2. 将老姜洗净（皮去或不去都可以），切成薄片。

3. 干红椒洗净，切去根蒂，再切成段。

4. 将牛肉洗净，剔除筋膜，切成大小合适的块状。

5. 将牛肉块放入沸水中，煮2分钟，洗去血水，捞出洗净，沥水待用。

6. 锅中放入适量的油，烧热后，放入姜片、红椒段，煸炒出香味。

7. 放入牛肉块，加入适量的高汤，加入适量的老抽，搅拌均匀，大火烧开转小火，炖约4分钟，将牛肉煮至八成熟。

制作步骤

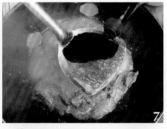

8. 放入白萝卜块、大蒜。

9. 加入适量的精盐、鸡精调味。

10. 翻炒均匀，继续烧约20分钟，将牛肉和萝卜都烧熟即可。

粉皮烩牛肉

🍵 原料

牛肉400克
粉皮150克
红椒60克
蒜苗50克

🥄 调料

精盐7克
鸡精4克 ⟳ 可用味精代替
老抽5毫升 ⟳ 可用酱油代替
生抽10毫升

料酒20毫升 ⟳ 可用黄酒代替
高汤600毫升 ⟳ 可用清水代替
生粉20克 ⟳ 可用红薯粉代替

🍳 准备工作

1. 将粉皮、牛肉、红椒、蒜苗放入盘中待用。

2. 把粉皮放入温水中，泡软后待用。

3. 牛肉洗净血水，剔除筋膜，切成方形薄片。

4. 将牛肉片放入小碗中，加入精盐、鸡精、生粉。

5. 放入老抽、生抽、料酒，拌匀后腌制10分钟。

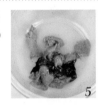

6. 锅中放入2碗高汤，大火烧开。

7. 放入腌制的牛肉片，搅拌均匀，复烧开，小火炖约20分钟。

制作步骤

8. 放入粉皮、红椒段，再煮约3分钟，将粉皮煮软。

9. 放入精盐、鸡精。

10. 搅拌均匀，继续炖约4分钟，起锅装盘即可。

粉丝牛肉煲

🥘 原料

牛肉400克
鹌鹑蛋150克
粉丝100克

🥄 调料

精盐8克
鸡精4克 ⋯⋯ 可用味精代替
香油10毫升
料酒20毫升 ⋯⋯ 可用黄酒代替
生抽10毫升

老抽5毫升 ⋯⋯ 可用酱油代替
胡椒粉6克
植物油500毫升
高汤600毫升 ⋯⋯ 可用清水代替
生粉20克 ⋯⋯ 可用红薯粉代替

🍳 准备工作

1. 将粉丝放入温水中，泡软后待用。

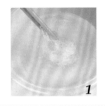

2. 鹌鹑蛋煮熟后，去壳，放入八成热油锅中，炸至表皮酥黄（如图），捞出控油。

3. 牛肉洗净血水，剔除筋膜，切成方形薄片。

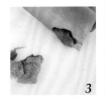

4. 将牛肉片放入小碗中，加入精盐、鸡精、生粉、料酒，拌匀后腌制10分钟。

制作步骤

5. 锅中放入高汤（或者清水），大火烧开。

6. 放入腌制的牛肉片，加入生抽、老抽，搅拌均匀，小火炖约20分钟。

7. 放入鹌鹑蛋，加入精盐、鸡精，搅拌均匀，复烧开，中火炖约4分钟。

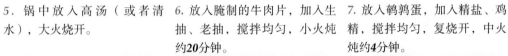
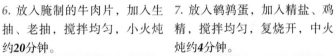
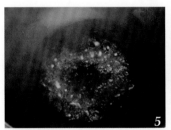

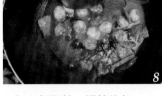

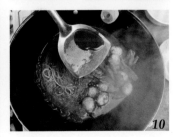

8. 加入胡椒粉，搅拌均匀。

9. 放入粉丝，搅拌均匀，继续炖约4分钟。

10. 加入香油，翻拌均匀，起锅装盘即可。

杭椒牛柳

🍲 原料

牛肉500克

杭椒200克

🖌 调料

鸡精4克 ⌀⌀⌀ 可用味精代替

精盐8克

老抽5毫升 ⌀⌀⌀ 可用酱油代替

料酒20毫升 ⌀⌀⌀ 可用黄酒代替

植物油20毫升

红薯淀粉40克 ⌀⌀⌀ 可用生粉代替

蚝油10毫升

高汤50毫升 ⌀⌀⌀ 可用清水代替

🖌 准备工作

1. 准备牛肉500克，杭椒200克。

2. 将杭椒洗净后，切去根蒂，从中间对半切开，去除籽，再斜刀切成段。

3. 将牛肉洗净，剔除筋膜，先横着纹理切段，再顺牛肉的纹理切成丝。

4. 把牛肉丝放入器皿中，放入适量的精盐、鸡精。

5. 加入适量的老抽、料酒。

6. 再放入适量的蚝油。

7. 加入适量的红薯淀粉，用筷子搅拌均匀，腌制20分钟。

制作步骤

8. 锅中放入适量的油，烧热后，放入牛肉丝，将牛肉丝炒至肉缩紧。

9. 放入红椒段，翻炒均匀。

10. 最后再放入点蚝油，翻炒均匀，加入少许的高汤，将杭椒和牛肉丝炒熟，起锅装盘即可。

家常牛腩

原料

牛肉500克
干红椒30克
葱20克
姜10克
八角1个
花椒15克

调料

精盐8克
鸡精4克
味精4克
老抽10毫升 ········· 可用酱油代替
料酒20毫升 ········· 可用黄酒代替

植物油20毫升
高汤500毫升 ⁀
　　　　　　　　 可用清水代替

准备工作

1. 将牛肉、干红椒、葱、姜、八角、花椒准备好，备用。

2. 将牛肉洗净，剔除筋膜，先顺牛肉的纹理切成条，再横着纹理切成大小合适的块。

3. 将牛肉块放入沸水中，煮约1分钟，去除血水和异味，然后捞出沥水。

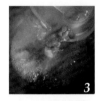

4. 把干红椒切成小段。

5. 姜去皮洗净，切成丝；大葱洗净，切成段。

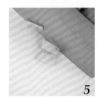

制作步骤

6. 锅中放入适量的油，烧热后，放入姜丝、干红椒段、花椒、八角、葱段，煸炒出香味。

7. 放入牛肉块，翻炒片刻。

8. 放入适量的老抽上色，加入适量的精盐、味精、鸡精调味。

9. 加入适量的郫县豆瓣酱，翻炒均匀。

10. 加入足量的高汤、料酒，大火烧开转小火，将牛肉炖烂，起锅装盘即可。

牛肉末烧豆腐

🥣 原料

牛肉末400克
老豆腐150克
干红椒20克
小葱15克

🔪 调料

精盐8克
鸡精4克
味精4克
生抽15毫升 ⸺ 可用酱油代替

老抽5毫升 ⸺ 可用黄酒代替
料酒20毫升
植物油20毫升
高汤50毫升 ⸺ 可用清水代替

🥄 准备工作

1. 将牛肉末、老豆腐、干红椒、小葱准备好，备用。
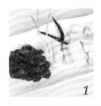

2. 将豆腐洗净，改刀成方形小块。

3. 将牛肉末放入小碗中，加入适量的精盐、味精。

4. 放入适量的鸡精。

5. 加入适量的生抽、料酒。

6. 用筷子搅拌均匀，腌制10分钟。

7. 锅中放入适量油，烧热后，放入腌制的牛肉末。

8. 放入牛肉末后，不停地翻炒，将牛肉末炒熟，盛入碗中待用。

制作步骤

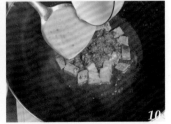

9. 锅中加入适量高汤，放入豆腐块、红椒、小葱，加入适量的老抽、精盐，中火将豆腐烧熟。

10. 倒入炒熟的牛肉末，翻炒均匀，再稍微烧片刻，起锅装盘即可。

水煮牛肉片

🍲 原料

牛肉400克

莴笋100克

蒜薹100克

香芹50克

干红椒20克

姜片20克

🔪 调料

精盐8克

生抽15毫升

鸡精4克 ⋯⋯⋯⋯ 可用味精代替

蚝油15毫升

生粉10克 ⋯⋯⋯⋯ 可用红薯粉代替

高汤50毫升 ⋯⋯⋯⋯ 可用清水代替

🍳 准备工作

1. 将牛里脊肉、莴笋、蒜薹、香芹、干红椒、姜片准备好，备用。

2. 将牛肉洗净，剔除筋膜，切成0.4厘米厚的薄片。

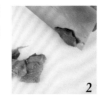

3. 干红椒洗净，去除根蒂，切成段。

4. 蒜薹、香芹洗净，切成3厘米长的段；莴笋去皮洗净，切成片。

5. 将蒜薹、香芹、莴笋一起放入沸水中，加适量精盐焯水，至原料断生，捞出沥水，放入碗中垫底。

---

6. 锅中放入适量的高汤，加入红椒段、姜片、生抽、鸡精。

7. 再放入适量的精盐，烧开。

制作步骤

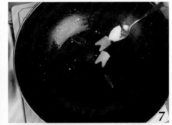

8. 加入适量的蚝油，搅拌均匀。

9. 放入牛肉片，大火烧开，将牛肉片煮熟，淋入少许生粉芡汁。

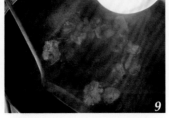

10. 将过程4的牛肉及汤汁，一起趁热倒入盛放有蒜薹等原料的碗中即可。

蒜薹炒牛肉

🍲 原料

牛肉300克

蒜薹150克

葱20克

姜20克

🥄 调料

料酒20毫升 ⋯⋯ 可用黄酒代替

生抽10毫升

植物油20毫升

红薯淀粉30克 ⋯⋯ 可用生粉代替

🖌 准备工作

1. 准备牛肉300克，蒜薹150克，葱、姜各适量。

2. 牛肉洗净，剔除筋膜，先顺牛肉纹理切成长条块，再切成薄片。

3. 蒜薹洗净，去头尾，切成段。

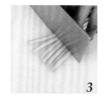

4. 把牛肉片放入器皿中，放入适量的精盐、鸡精。

5. 加入适量的老抽、料酒，加入适量的红薯淀粉，用筷子搅拌均匀，腌制20分钟。

6. 锅中放入适量的油，烧热后，放入牛肉片，将牛肉片炒至肉缩紧，基本熟透。

7. 放入蒜薹段、葱姜丝，翻炒均匀。

制作步骤

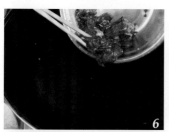

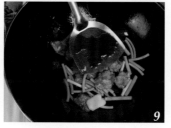

8. 加入适量的精盐、鸡精调味。

9. 放入适量的生抽。

10. 翻炒均匀，将蒜薹炒断生，用生粉勾芡，起锅装盘即可。

小米椒炒牛柳

🍲 原料

牛里脊肉400克
野山椒100克
红椒丝20克
香芹50克

🥄 调料

精盐7克
鸡精4克 —— 可用味精代替
老抽5毫升 —— 可用酱油代替
料酒20毫升 —— 可用黄酒代替

植物油20毫升
蚝油10毫升
淀粉30克 —— 可用生粉代替
高汤50毫升 —— 可用清水代替

准备工作

1. 准备好牛里脊肉、野山椒、红椒丝、香芹段，备用。

2. 将野山椒洗净，切去根蒂。

3. 牛肉洗净，冲去血水，先切成片，然后再顺肉的纹理，切成丝。

4. 将牛肉丝放入盘中，加入适量的精盐、鸡精。

5. 放入适量的老抽、料酒。

6. 加入适量的蚝油。

7. 放入适量的淀粉，用筷子搅拌均匀。

制作步骤

8. 锅中放入适量的油，烧热后，放入腌制的牛肉丝，将牛肉丝炒熟（如果干，可以放适量的清水）。

9. 将牛肉丝炒熟后，放入野山椒、红椒丝、香芹段，翻炒均匀；放入适量的精盐、鸡精，继续翻炒。

10. 放入适量的高汤，将原料炒熟，自然收汁后，起锅装盘即可。

茶树菇烧排骨

🥣 原料
排骨400克
干茶树菇70克
尖椒50克
葱姜末20克
大蒜20克

🥄 调料
精盐7克
鸡精4克
味精4克
老抽5毫升
料酒20毫升

可用酱油代替

可用黄酒代替

植物油200毫升
高汤500毫升
八角1个

可用清水代替

🍳 准备工作

1. 将排骨段、干茶树菇、尖椒、葱姜末、大蒜准备好，分别洗净备用。

2. 将尖椒洗净，去除根蒂，斜刀切成段。

3. 茶树菇放入温水中，浸泡至发软，捞出洗净切段。

4. 将排骨段放入小碗中，加入葱姜末，放入适量的精盐。

5. 加入适量的鸡精、味精。

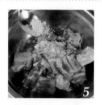

6. 再放入适量的老抽、料酒，用筷子搅拌均匀，然后腌制20分钟。

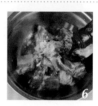

7. 锅中放入适量的油，烧至八成热。

8. 放入排骨段，翻炒片刻，加入适量的高汤，烧开后转小火，将排骨炖六成熟，放入大蒜、尖椒段、八角，翻炒均匀。

制作步骤

9. 放入茶树菇，再加入适量的精盐，调准味。

10. 继续烧约**15分钟**，将茶树菇和排骨烧熟，起锅装盘即可。

风沙排骨

🥘 原料

排骨400克
面包糠100克

🥄 调料

精盐6克
料酒20毫升 ⟶ 可用黄酒代替
白糖5克
鸡精4克

味精4克 ⟶ 可用酱油代替
老抽5毫升
胡椒粉10克

百合红豆
排骨粥

🔧 准备工作

1. 准备排骨400克，洗净，斩成约4厘米长的段。

2. 将排骨段放入小碗中，加适量的糖。

3. 加入适量的精盐。

4. 放入适量的鸡精、味精。

5. 再放入适量的老抽、料酒，用筷子搅拌均匀，然后腌制20分钟。

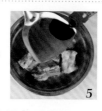

6. 锅中放入足量的油，烧至八成热，放入腌制过的排骨段，将排骨炸至表皮酥黄，捞出控油。

7. 锅留底油，放入100克面包糠。

制作步骤

8. 加入适量的胡椒粉。

9. 小火，将面包糠炒香。

10. 放入排骨段，翻炒均匀，让排骨均匀地沾上面包糠，装盘，码放整齐即可。

红烧排骨

🍲 原料

排骨400克
葱10克
姜10克
大蒜15克
干红椒20克

🥄 调料

精盐6克
鸡精4克
味精4克
料酒20毫升 ⟍ 可用黄酒代替
老抽5毫升

生抽10毫升 ⟍ 可用酱油代替
植物油20毫升
八角1个
高汤500毫升 ⟍ 可用清水代替

🍳 准备工作

1. 将排骨洗净，斩成约4厘米长的段；葱、姜、大蒜、干红椒分别准备好，备用。

2. 将排骨段放入小碗中，加入适量的葱姜末，放入适量的精盐。

3. 加入适量的鸡精。

4. 放入适量的味精。

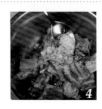

5. 再放入适量的生抽、料酒，用筷子搅拌均匀，然后腌制20分钟。

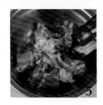

6. 锅中放入适量的油，烧热后，放入姜片、八角，煸炒片刻。

7. 放入排骨段，翻炒均匀。

制作步骤

8. 放入原料后，再加入适量的老抽上色，不停地翻炒。

9. 将排骨煸炒至变色，放入适量的高汤，大火烧开，转小火炖约30分钟，将排骨炖烂。

10. 放入大蒜、干红椒，继续炖5分钟，将大蒜炖出味，自然收汁，起锅装盘即可。

香辣猪排

🍲 原料

排骨400克
干红椒50克
尖椒40克
姜片20克
大葱20克

🥄 调料

精盐6克
胡椒粉6克
白糖5克
鸡精4克
味精4克

老抽5毫升 ···· 可用酱油代替
料酒20毫升 ···· 可用黄酒代替
植物油500毫升
花椒20克
郫县豆瓣酱20克

🍳 准备工作

1. 将排骨、干红椒、花椒、尖椒、姜片、大葱准备好，备用。

2. 将干红椒洗净，切去根蒂，再切成段。

3. 尖椒洗净，去除根蒂，斜着切成段（如图）。

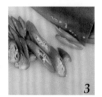

4. 排骨洗净，斩成长约3厘米的段。

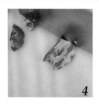

5. 将排骨段放入小碗中，加入适量的精盐、糖、味精、鸡精。

6. 再倒入适量的老抽、料酒，然后用筷子拌匀，腌制20分钟。

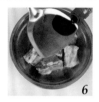

7. 将腌制好的排骨段，放入八成热油锅中，将排骨炸至熟透。

8. 锅留底油，放入红椒、姜片、大葱、花椒，煸炒出香味。

制作步骤

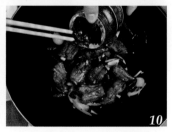

9. 放入过油后的排骨、尖椒段，翻炒均匀。

10. 放入适量的郫县豆瓣酱，加适量的胡椒粉，翻炒均匀，起锅装盘即可。

孜然排骨

🍲 原料

排骨400克

🥄 调料

精盐6克
白糖5克
鸡精4克
味精4克
辣椒粉50克

老抽5毫升 ⌐ 可用酱油代替
料酒20毫升 ⌐ 可用黄酒代替
植物油500毫升
孜然30克

🍳 准备工作

1. 准备排骨400克，洗净，斩成约4厘米长的段。

2. 将排骨段放入小碗中，加入适量白糖、鸡精、味精。

3. 再放入适量精盐。

4. 加入适量的老抽、料酒，用筷子搅拌均匀，然后腌制20分钟。

制作步骤

5. 锅中加入适量植物油烧至八成热。

6. 放入腌制过的排骨段，将排骨炸至表皮酥黄，捞出控油。

7. 锅留底油，放入排骨段。

8. 加入适量的辣椒粉。

9. 放入适量孜然，翻拌均匀。

10. 放入盘中，码放整齐即可。

酸菜鸭肉

🍲 原料   🥄 调料

新鲜鸡翅500克   老抽10毫升 ┄┄ 可用酱油代替   植物油20毫升

大葱20克   精盐8克   八角1个

老姜20克   料酒15毫升 ┄┄ 可用黄酒、绍酒代替   高汤500毫升

酸菜100克   鸡精4克 ┄┄ 可用味精代替

🍳 准备工作

1. 将鸭腿、酸菜、粉条、红椒、姜、葱准备好，备用。

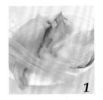

2. 将鸭腿洗净，去净毛囊里的杂质，剔除骨头。

3. 然后切成大小合适的块。

4. 酸菜洗净，先切成约4厘米长的段。

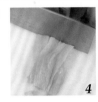

5. 再顺长切成细丝。

6. 将粉条放入温水中，泡软待用。

7. 将鸭肉块放入沸水中，飞水后捞出沥水。

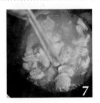

有效改善失眠的美食

制作步骤

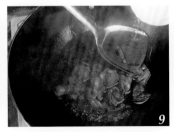

8. 锅中放入适量的油，烧热后，放入葱丝、姜片、八角，煸炒一下，放入焯水后的鸭肉块，翻炒均匀。

9. 加入适量的老抽，翻炒均匀上色，然后放入适量的高汤、精盐、料酒，烧开转小火，炖**20分钟**。

10. 放入酸菜、粉条，翻炒均匀，继续炖至原料熟烂，放入适量的鸡精调味，起锅装盘即可。

红焖白萝卜羊肉

10款去秋燥的
滋补汤粥

原料

羊肉300克
白萝卜150克
干红椒10克
姜片20克
大葱20克

调料

精盐8克
老抽5毫升 ⸱⸱⸱⸱⸱ 可用酱油代替
生抽10毫升
植物油15毫升
八角1个

桂皮10克
豆蔻10克
香叶5克
高汤500毫升 ⸱⸱⸱⸱⸱ 可用清水代替

🍳 准备工作

1. 将羊肉、白萝卜、干红椒、姜、大葱准备好，备用。

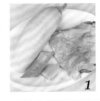

2. 白萝卜洗净，切成滚刀块。

3. 将羊肉洗净，剔除筋膜，放入热水锅中。

4. 加入适量的精盐、老抽、八角、桂皮、豆蔻、香叶，烧开后，撇去浮沫，改小火，将羊肉煮至五成熟。

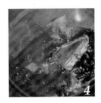

5. 将羊肉捞出放凉，然后改刀成大小合适的块。

6. 锅中放入适量的油，烧热后，放入葱丝、姜丝、红椒丝，稍微煸炒一下。

7. 放入羊肉块，倒入适量的生抽、老抽，翻炒均匀。

制作步骤

8. 加入适量的高汤。

9. 倒入白萝卜块，翻炒均匀。

10. 加入适量的精盐，放入葱段，烧开后转小火，将羊肉及白萝卜炖熟后，起锅装盘即可。

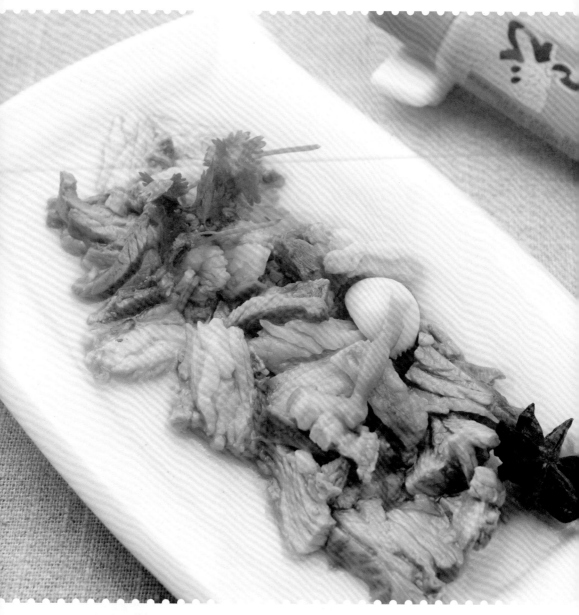

芥末羊肉

🍲 原料

羊肉300克
芥末50克
大葱15克

🥄 调料

鸡精5克 ⌇⌇ 可用味精
代替
精盐8克
老抽5毫升 ⌇⌇ 可用酱油代替
八角1个

桂皮10克
豆蔻10克
香叶10克
高汤200毫升 ⌇⌇ 可用清水
代替

🍳 准备工作

1. 将羊肉、芥末、八角、桂皮、豆蔻、香叶、大蒜准备好，备用。

2. 将生带皮羊肉洗净，剔除筋膜，放入热水锅中。

3. 加入适量的精盐、老抽、八角、桂皮、豆蔻、香叶，烧开后，撇去浮沫，改小火，将羊肉煮五成熟。

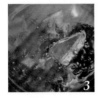

4. 将羊肉捞出放凉，然后切成薄片。

制作步骤

5. 将切好的羊肉片，放入锅中，加入适量的高汤、精盐、鸡精、八角、大蒜。

6. 烧开后转小火，将羊肉烧熟入味。

7. 把羊肉连汤倒入碗中。

8. 挤入芥末，搅拌均匀，装入盘中即可。

特色红焖羊肉

🍲 原料

羊肉300克
洋葱50克
胡萝卜50克
枸杞20克
葱10克
姜10克

🥄 调料

鸡精5克 ⸱⸱⸱⸱⸱⸱ 可用味精代替
精盐8克
老抽10毫升 ⸱⸱⸱⸱⸱⸱ 可用酱油代替
生抽10毫升
料酒15毫升 ⸱⸱⸱⸱⸱⸱ 可用黄酒代替
大料包1个

啤酒1碗
生粉20克 ⸱⸱⸱⸱⸱⸱ 可用红薯粉代替

🍳 准备工作

1. 将羊肉、洋葱、胡萝卜、大料包、啤酒、枸杞、葱、姜准备好待用。

2. 将胡萝卜洗净，切成0.4厘米厚的三角块。

3. 洋葱洗净，切成与胡萝卜大小一样的块。

4. 将羊肉洗净，剔除筋膜，放入热水锅中。

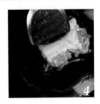

5. 锅中加入适量的老抽、生抽、料酒，放入料包，烧开后转小火，将羊肉炖五成熟。

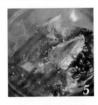

6. 将羊肉捞出切块，放入锅中，加适量的老抽焖炒上色，放入1碗清水，烧约8分钟。

7. 加入适量的红椒、花椒、八角，倒入啤酒，再烧约5分钟，将羊肉炖入味。

制作步骤

8. 倒入胡萝卜块、洋葱块。

9. 放入枸杞，加入适量的精盐、鸡精调味，翻拌均匀，烧开后转中火，将原料烧熟。

10. 淋入适量的生粉勾芡，复烧开，翻拌均匀，起锅装盘即可。

香葱爆羊肉

🍲 原料

羊肉300克
大葱50克
香菜30克
干红椒20克
姜10克
蒜10克

🥄 调料

精盐8克
老抽10毫升
生抽10毫升 ⋯⋯ 可用黄酒代替
料酒15毫升 ⋯⋯
鸡精5克 ⋯⋯ 可用味精代替
八角1个

高汤500毫升 ⋯⋯ 可用清水代替
桂皮10克
豆蔻10克
植物油20毫升
香叶5克
生粉25克 ⋯⋯ 可用红薯粉代替

🍳 准备工作

1. 将羊肉、大葱、香菜、干红椒、姜、蒜准备好，备用。

2. 将羊肉洗净，剔除筋膜，放入热水锅中。

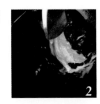

3. 加入适量的精盐、老抽、八角、桂皮、豆蔻、香叶，烧开后，撇去浮沫，改小火，将羊肉煮熟。

4. 羊肉煮熟后，捞出放凉，然后切成薄片。

5. 大葱洗净，先切段，再顺长切丝；香菜洗净，改刀成段。

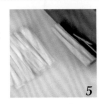

6. 锅中放入适量的油，烧热后，放入葱丝、姜丝、红椒丝，煸炒片刻。

7. 放入羊肉片，加适量的生抽、料酒，翻炒均匀。

制作步骤

8. 倒入适量的高汤，大火烧开。

9. 加入适量的老抽，放入适量的精盐、鸡精，搅拌均匀。

10. 将羊肉片烧入味，用生粉勾芡，复烧开，起锅装盘，撒上香菜段即可。

孜然羊肉

🍲 原料

羊肉300克
孜然50克
大蒜20克
生菜适量

🥄 调料

老抽5毫升
精盐8克 ⋯⋯ 可用味精代替
鸡精5克
生抽10毫升 ⋯⋯ 可用酱油代替
辣椒面20克

八角1个
桂皮10克
豆蔻10克
香叶5克

🍳 准备工作

1. 将羊肉、孜然、辣椒面、八角、桂皮、豆蔻、香叶、大蒜准备好；羊肉洗净，剔除筋膜，放入热水锅中。

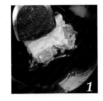

2. 加入适量的精盐、老抽、八角、桂皮、豆蔻、香叶，烧开后，撇去浮沫，改小火，将羊肉煮五成熟。

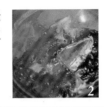

3. 将羊肉捞出放凉，然后切成薄片。

4. 将切好的羊肉片，放入盘中，加入适量的精盐、鸡精、生抽。

制作步骤

5. 放入调料后，用筷子搅拌均匀，腌制 **10** 分钟。

6. 将腌制的羊肉片，用牙签串起，如图。

7. 然后把串好的羊肉片，放入八成热油锅中。

8. 把羊肉串炸至定型，表面酥香，捞出控油。

9. 锅留底油，放入辣椒面、孜然，煸炒出香味。

10. 倒入炸好的羊肉串，翻炒均匀，让羊肉串沾匀辣椒面和孜然，然后用生菜垫底装盘即可。

米椒腰花

🍲 原料

猪腰子400克	尖椒40克
小米椒100克	花椒10克
蒜薹20克	
姜片20克	

🥄 调料

鸡精5克	⋯⋯ 可用味精代替
精盐7克	
植物油20毫升	
黄酒20毫升	⋯⋯ 可用料酒、绍酒代替

🪒 准备工作

1. 将猪腰子、小米椒、蒜薹、姜片、尖椒、花椒准备好，备用。

2. 小米椒洗净，切去根蒂。

3. 猪腰子洗净，对半切开，切开后，去除筋膜。

4. 然后将猪腰子的切开面，改刀成十字花刀，再切成小块。

5. 将改刀后的猪腰花，放入沸水中，加蒜苗、姜片焯水。

6. 将腰花煮约1分钟，成型后，捞出沥水。

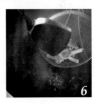

7. 锅中放入适量的油，烧热后，放入小米椒、蒜薹、花椒、尖椒粒，翻炒均匀。

8. 放入腰花，翻炒片刻。

制作步骤

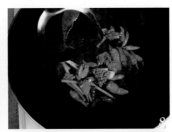

9. 加入适量的精盐、鸡精调味，翻炒均匀。

10. 加入少许黄酒，翻炒均匀，起锅装盘即可。

莴苣腰花

原料

猪腰子1个（约300克）
莴笋100克
干红椒段20克
鲜红椒粒40克
蒜苗20克
姜片10克
大蒜10克

调料

鸡精4克 ⸱⸱⸱⸱⸱⸱ 可用味精代替
精盐5克
料酒15毫升 ⸱⸱⸱⸱⸱⸱ 可用黄酒、绍酒代替
植物油10毫升

🔪 准备工作

1. 准备猪腰子1个，莴笋、干红椒段、鲜红椒粒、蒜苗、姜片、大蒜各适量。

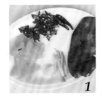

2. 莴笋洗净后，削去外皮。

3. 先将莴笋切成段，再将段对半切开，然后放平，斜着切成薄片。

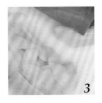

4. 猪腰子洗净，对半切开。

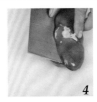

5. 切开后，去除筋膜。

6. 然后将猪腰子的切开面，改刀成十字花形，再切成小块。

7. 将改刀后的猪腰花，放入沸水中，加入料酒，加蒜苗、姜片焯水。

8. 当腰花成型后，捞出沥水。

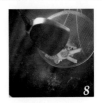

制作步骤

9. 锅中放入适量的油，烧热后，放入干红椒、鲜红椒、蒜苗、大蒜、莴笋片，翻炒均匀。

10. 放入腰花，翻炒片刻，加入适量的精盐、鸡精调味，翻炒均匀，起锅装盘即可。

芹菜炒猪肝

🥘 原料   🥄 调料

猪肝300克   精盐7克   酱油7毫升 ⋯⋯ 可用老抽代替

芹菜段200克   鸡精5克   植物油20毫升

姜丝20克   味精4克   生粉30克 ⋯⋯ 可用红薯粉
代替

🍳 准备工作

1. 将猪肝、芹菜段准备好，备用。

2. 将猪肝洗净，切片。

3. 将猪肝片放入小碗中，加入适量味精。

4. 再放入适量的鸡精、精盐。
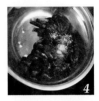

5. 加入适量的姜丝、老抽。

6. 放入适量的生粉（使猪肝软嫩），用筷子搅拌均匀，腌制15分钟。

7. 将猪肝放入沸水锅中。
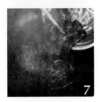

8. 断生后，立即捞出控水。
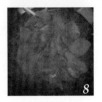

制作步骤

9. 另起锅，放入适量的油，油烧热后，放入加工好的芹菜段，翻炒片刻。

10. 放入猪肝，再加入少许精盐、鸡精，翻炒均匀，起锅装盘即可。

双菇炒猪肝

🍲 原料

猪肝300克
杏鲍菇80克
白菇60克

莴笋片50克
青、红椒40克
大蒜头20克

🥄 调料

味精4克 ⟶ 可用鸡精代替
精盐7克
老抽6毫升 ⟶ 可用酱油代替

植物油20毫升
生粉30克 ⟶ 可用红薯粉代替
蚝油10毫升

🍳 准备工作

1. 备好猪肝、杏鲍菇、白菇、莴笋片、青红椒、大蒜头原料，以及精盐、味精、鸡精、蚝油、湿淀粉等调料。

2. 将猪肝切片，放入姜丝、精盐、味精、老抽腌制入味。

3. 加入适量生粉，继续搅拌，使猪肝软嫩。

4. 将猪肝放入沸水锅中。

5. 断生后即刻捞出控水备用。

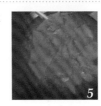

6. 另起锅，油烧热后，放入加工好的杏鲍菇、白菇等原料。

7. 翻炒均匀，炒熟后加入适量精盐、味精调味。

制作步骤

8. 放入焯过水的猪肝翻炒均匀。

9. 加入蚝油提鲜。

10. 加入少许湿淀粉勾芡，稍翻炒后即可出锅。

洋葱炒猪肝

🍲 原料

猪肝300克
洋葱块150克
辣椒60克

🥄 调料

精盐5克
鸡精4克
味精3克
料酒15毫升 *可用黄酒、绍酒代替*

生抽10毫升
植物油10毫升
生粉30克 *可用红薯粉代替*

🧹 准备工作

1. 准备好猪肝300克，洋葱块150克，辣椒60克。

2. 将猪肝洗净，切片。
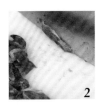

3. 把辣椒洗净，去除根蒂、籽，切成块。

4. 将猪肝片放入小碗中，加入适量味精。
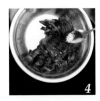

5. 再放入适量的鸡精、精盐。
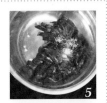

6. 加入适量的料酒、生抽、生粉（使猪肝软嫩），用筷子搅拌均匀，腌制15分钟。
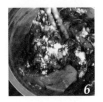

7. 将猪肝放入沸水锅中，断生定型后，立即捞出控水。
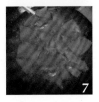

制作步骤

8. 另置锅，放入适量的植物油，油烧热后，放入洋葱块、辣椒块、姜丝，翻炒片刻。

9. 放入适量的蚝油，翻炒均匀，将洋葱炒至断生。

10. 放入猪肝，再加入少许精盐、鸡精，再淋少许芡汁，翻炒均匀，起锅装盘即可。

菠萝咕咾肉

🍲 原料

猪瘦肉300克
洋葱150克
青椒60克
菠萝50克

🥄 调料

精盐5克
鸡精4克 ⟶ 可用味精代替
生抽10毫升
植物油10毫升

生粉20克 ⟶ 可用红薯粉代替

🔪 准备工作

1. 将洋葱、猪瘦肉、青椒、菠萝准备好，放入盘中待用。

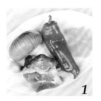

2. 洋葱洗净，去除根部，切成块。

3. 菠萝去皮后，改刀成小块。

4. 青椒洗净，去根蒂、籽，切成小块。

5. 将瘦肉洗净，剔除筋膜，改刀成方形薄片。

6. 将猪肉片放入小碗中，加入生粉，放入部分的精盐、鸡精，拌匀后腌制10分钟。

---

7. 将肉片放入八成热油锅中，滑炒至熟，捞出待用。

8. 将洋葱、青椒、菠萝放入锅中，翻炒均匀。

制作步骤

9. 放入滑炒过的肉片，加入少许清水，翻炒均匀。

10. 加入精盐、鸡精、生抽，翻炒均匀后，起锅装盘即可。

香菇叉烧肉

🍲 原料

五花肉300克
水发香菇60克
杭椒80克
大蒜20克
姜20克

🥄 调料

精盐6克
鸡精5克 ⸴⸴⸴ 可用味精代替
老抽6毫升
酱油5毫升
植物油10毫升

八角1个
高汤300毫升 ⸴⸴⸴ 可用清水代替

🖌 准备工作

1. 将五花肉、水发香菇、杭椒、大蒜、姜准备好，分别洗净备用。

2. 将五花肉洗净，切成薄片。

3. 将水发香菇放入沸水中，复烧开，煮约1分钟，捞出沥水。

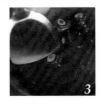

4. 把煮过的香菇切去根蒂（如果香菇比较大，可以再改刀成小块）。

制作步骤

5. 锅中放入少许油，烧热后，放入五花肉片。

6. 放入适量的老抽，将五花肉片煸炒上色。

7. 放入大蒜、八角、姜片，继续翻炒片刻。

8. 放入焯水后的香菇。

9. 放入杭椒段，翻炒均匀。

10. 再加入适量的酱油、鸡精、盐，放入高汤，大火烧开，转小火，将原料炖熟，收汁后，起锅装盘即可。

面酱肉丝

🍲 原料   🥄 调料

猪瘦肉300克   精盐5克   植物油10毫升

大蒜20克   鸡精4克   生粉20克   可用红薯粉代替

姜末20克   味精3克   可用酱油代替   面酱40克

               老抽5毫升

🍴 准备工作

1. 准备猪瘦肉300克，大蒜、姜末各适量。
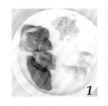

2. 将猪肉洗净，剔除筋膜，切成肉丝。

3. 将猪肉丝放入小碗中，加入适量的味精、精盐、鸡精。

4. 加入适量的生粉。

5. 倒入适量的老抽，用筷子搅拌均匀，腌制10分钟。

超级好吃不油腻的红烧肉

6. 锅中放入适量的油，烧至八成热。

7. 放入腌制的猪肉丝。

制作步骤

8. 将猪肉丝炸定型熟透后，倒出多余的油。

9. 加入适量的面酱，翻炒均匀。

10. 放入适量的姜末，翻炒均匀，起锅装盘，撒上适量的蒜末即可。

木须肉

🥘 原料

瘦猪肉200克　　红椒40克
鸡蛋1只　　　　莴笋40克
木耳50克　　　　大葱10克

🥄 调料

精盐5克　　　可用味精代替
鸡精4克
植物油100毫升

料酒15毫升　　可用黄酒代替
生抽10毫升
淀粉20克　　　可用生粉代替

🧹 准备工作

1. 将瘦猪肉、鸡蛋、木耳、红椒、莴笋、大葱准备好，分别洗净备用。

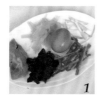

2. 将木耳用温水泡发。

3. 木耳泡发后，洗净，切成细丝；红椒、莴笋、大葱也都改刀成丝，如过程1中图所示。

4. 猪肉洗净后，剔除筋膜，切成细丝。

5. 将猪肉丝放入小碗中，加入适量的精盐、鸡精、料酒、生抽、淀粉，抓匀后，腌制10分钟。

6. 将腌制好的猪肉丝放入八成热油锅中，炸至熟透，捞出放入碗中待用。

7. 将鸡蛋打入小碗中。

制作步骤

8. 然后放入适量的精盐，用筷子搅拌均匀。

9. 锅留底油，倒入鸡蛋液，煎成蛋饼，再放入红椒丝、莴笋丝、木耳丝。

10. 放入过油后的猪肉丝，翻炒均匀，起锅装盘即可。

肉末茄子

🍲 原料

五花肉150克
紫长茄子100克
大蒜20克
干红椒10克

🖌 调料

精盐5克
鸡精4克 ⟍ 可用味精代替
生抽10毫升
植物油100毫升

蚝油10毫升
生粉15克 ⟍ 可用红薯粉代替

🍳 准备工作

1. 准备五花肉150克，洗净，剁成肉末。

2. 准备紫长茄子100克，洗净，切成滚刀块，放入八成热油锅中，过油后捞出沥水。

3. 大蒜20克，去皮洗净，剁成蒜末。

制作步骤

4. 锅中放入适量的油，烧热后，放入肉末。放入蒜末、干红椒，翻炒均匀。

5. 不停地翻炒，煸炒出肉香、蒜香味。

6. 放入过油后的茄子块。

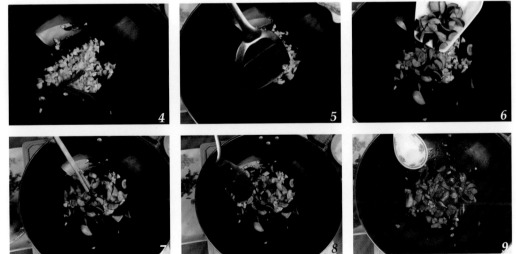

7. 放入适量的蚝油、精盐、鸡精。

8. 放入适量的生抽。

9. 翻炒约4分钟，淋入少许生粉芡汁勾芡，起锅装盘即可。

肉末娃娃菜

原料

五花肉200克
娃娃菜100克 ⟩⟩ 可用白菜心代替
水发香菇50克
杭椒70克

调料

精盐5克
鸡精5克 ⟩⟩ 可用味精代替
植物油10毫升
蚝油10毫升

✎ 准备工作

1. 准备五花肉200克，洗净，切成肉末。

2. 水发香菇50克，切去根蒂，再切成粒。

3. 杭椒70克，洗净，去根蒂，切成斜刀段。

4. 娃娃菜掰开洗净。

5. 将娃娃菜放入沸水中，快速焯水后，捞出沥水，再切成段

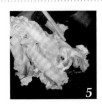

6. 锅中放入适量的油，烧热后，放入肉末，煸炒出香味。

7. 放入香菇粒、杭椒段，翻炒均匀。

制作步骤

8. 放入娃娃菜，加入适量的精盐、鸡精，翻炒均匀。

9. 放入适量的蚝油。

10. 翻炒均匀，将娃娃菜炒至断生，起锅装盘即可。

肉丝小炒

🥘 原料

五花肉200克　　　干红椒10克
豆腐干100克　　　大蒜10克
胡萝卜50克　　　　姜片10克
香芹30克

🥄 调料

精盐5克
鸡精5克 ⟜ 可用味精代替
生抽10毫升
植物油10毫升

生粉15克 ⟜ 可用红薯粉代替

🍳 准备工作

1. 将五花肉、豆腐干、胡萝卜、香芹、干红椒、大蒜、姜片准备好，备用。

2. 胡萝卜洗净，切成细丝；香芹洗净，切成段。

3. 将豆腐干放入沸水中，复烧开，煮约1分钟，捞出沥水。

4. 将豆腐干切成薄长条。

5. 五花肉煮熟后，切成丝。

6. 将五花肉丝放入盘中，加入适量的生抽。

7. 放入适量的生粉液，搅拌均匀，腌制5分钟。

制作步骤

8. 锅中放入少许油，烧热后，放入五花肉丝、姜片、干红椒、大蒜，煸炒出香味。

9. 放入豆腐条、胡萝卜丝、香芹段，翻炒均匀。

10. 加入适量的精盐、鸡精、生抽，将胡萝卜、香芹炒断生即可起锅装盘。

蒜子肉片

🍲 原料

瘦猪肉300克
胡萝卜30克
青椒50克
大蒜30克

🥄 调料

鸡精5克 ⸺ 可用味精代替
精盐5克
老抽5毫升 ⸺ 可用酱油代替
植物油10毫升

生粉20克 ⸺ 可用红薯粉代替
蚝油10毫升

准备工作

1. 将胡萝卜洗净，切成薄片；大蒜去皮，洗净，切去根部。

2. 青椒洗净，去除根蒂、籽，切成小块。

3. 猪瘦肉洗净，剔除筋膜，切成方形薄片。

4. 将猪肉片放入小碗中，加入适量的精盐、鸡精。

5. 放入适量的生粉，倒入适量的老抽，用手抓匀，腌制10分钟。

6. 锅中放入适量底油，烧热后，放入腌制过的猪肉片，煸炒出香味。

7. 放入胡萝卜片、大蒜、青椒，翻炒均匀。

制作步骤

8. 加入适量的蚝油、精盐、鸡精，翻炒均匀。

9. 加入适量的生抽，将原料翻炒熟。

10. 淋入适量的生粉芡汁，翻炒均匀收汁，起锅装盘即可。

碎肉豇豆

🍲 原料

猪肉300克

腌豇豆150克

红椒丝20克

🥄 调料

精盐5克

鸡精5克 　⟜ 可用味精
代替

生抽10毫升

植物油10毫升

生粉20克 　⟜ 可用红薯粉
代替

🍳 准备工作

1. 将猪肉（七分瘦三分肥）、腌豇豆、红椒丝准备好，备用。

2. 将猪肉洗净，剔除筋膜，切成丁。

3. 豇豆洗净，切成2厘米长的段。

4. 将肉丁放入小碗中，放入适量的精盐、鸡精。

5. 加入适量的生抽、生粉。

6. 放入调料后，用手抓匀，腌制10分钟。

7. 锅中放入适量的油，烧热后，放入腌制的肉丁。　8. 将肉丁煸炒出香味。

制作步骤

9. 放入豇豆、红椒丝，再加入适量的精盐、鸡精调味，翻炒片刻。

10. 将原料炒熟后，起锅装盘即可。

五彩肉丝

🍲 原料

猪瘦肉300克　　　青椒30克
冬笋60克　　　　蒜苗30克
水发木耳50克　　姜丝10克
红椒30克

🥄 调料

精盐5克　　　　　　　　　　植物油10毫升
鸡精5克
味精4克　　　　　　可用酱油
　　　　　　　　　　代替
老抽6毫升

🍳 准备工作

1. 将猪瘦肉、冬笋、红椒、青椒、蒜苗、姜丝、水发木耳准备好，备用。

2. 将猪肉洗净，剔除筋膜，切成细丝。

3. 将猪肉丝放入碗中，加入适量的精盐、鸡精、味精、老抽，搅拌均匀，腌制10分钟。

4. 分别将青椒、红椒、冬笋、蒜苗、木耳洗净，改刀成丝状，如准备工作1的图中所示。

制作步骤

5. 锅中放入适量的油，烧热后，放入姜丝、腌制过的猪肉丝。

6. 将猪肉丝翻炒至变色。

7. 加入青椒、红椒、冬笋、蒜苗。

8. 加入适量的精盐，翻炒均匀。

9. 加入适量的鸡精，放入木耳，翻炒均匀。

10. 不停地翻炒，将原料炒熟后，起锅装盘即可。

杏鲍菇烧肉

🥘 原料

五花肉300克
杏鲍菇80克
香菇70克
姜片10克
葱段10克

🥄 调料

精盐6克
鸡精5克
味精3克
生抽10毫升 ---- 可用老抽代替
酱油5毫升

可用黄酒、绍酒代替
料酒15毫升 ----
植物油10毫升
八角1个

🍳 准备工作

1. 准备好五花肉、杏鲍菇、香菇、姜片等原料。

2. 将杏鲍菇切片，放入开水中焯水，捞出；香菇泡发后切小块备用。

3. 将五花肉切段，煮至五成熟，捞出放凉。

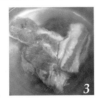

4. 将五花肉切2厘米见方的块。

制作步骤

5. 锅洗净，烧干后放入适量植物油，油烧热后放入切好的五花肉块。

6. 翻炒至五花肉变色后，倒入适量生抽。

7. 待肉上色后，加入八角、花椒、姜片、葱段，放入料酒、清水，盖上锅盖，大火烧开后转中火，炖约15分钟。

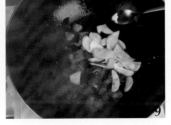

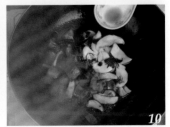

8. 待烧至肉质软烂，加入香菇、杏鲍菇。

9. 加入适量精盐、味精、鸡精调味。

10. 再加入少许酱油提鲜，翻炒均匀后，稍煮片刻，出锅装盘即可。

蔬菜类

花生菠菜

🍲 原料

菠菜100克

红皮花生米100克

红椒丝20克

🥢 调料

精盐4克　　　⟍可用味精代替

鸡精4克

老陈醋10毫升　⟍可用白醋
　　　　　　　　代替

植物油50毫升

🍳 准备工作

1. 将菠菜、红皮花生、红椒准备好，备用。

2. 将花生放入六成热油锅中。

3. 花生放入油锅后，慢慢翻炒，炒至刚变色，立即捞出，用余温将花生炸熟。

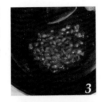

4. 菠菜洗净后，放入沸水锅中，去除可能残留的农药和虫卵。

5. 将菠菜焯至断生，捞出沥水。

制作步骤

6. 把沥水后的菠菜放入小碗中，加入适量的精盐、鸡精。

7. 放入花生米、红椒丝，加入适量的老陈醋，搅拌均匀。

8. 装入盘中，码放整齐即可。

凉拌菠菜豌豆苗

🍃 原料   🧂 调料

菠菜200克   精盐5克   香油10毫升 ⟶ 可用熟鸡油
豌豆苗100克   鸡精3克   代替
蒜蓉适量   味精3克

🍳 准备工作

1. 准备菠菜200克，豌豆苗100克，蒜蓉适量。

2. 将菠菜洗净，切去根部。

3. 豌豆苗洗净，从中间切成两段。

4. 将菠菜、豌豆苗、蒜蓉放入沸水中。

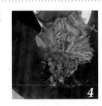

5. 把菠菜、豌豆苗焯至断生，捞出沥水。

止咳润燥
滑润爽口

---

6. 将沥水后的菠菜、豌豆苗放入器皿中，加入适量的精盐。

7. 放入适量的鸡精、味精。

制作步骤

8. 加入适量的香油。

9. 放入调料后，用筷子搅拌均匀，腌制10分钟。

10. 装入合适的盘子中即可。

菜心百合

🍵 原料

广东菜心150克　　　　大蒜20克
柿子椒50克
鲜百合50克

🥄 调料

精盐4克
鸡精4克 ⋯⋯ 可用味精代替
植物油10毫升

去脂解腻
小清新

🍳 准备工作

1. 广东菜心150克，柿子椒50克，鲜百合50克，大蒜20克，备用。

2. 将柿子椒洗净，去除籽，切成丁。

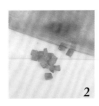

3. 广东菜心洗净，切去根部，然后切成末。

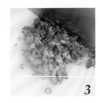

4. 大蒜洗净，切成片。

制作步骤

5. 锅中放入适量的油，烧热后，放入蒜片，煸炒出味。

6. 放入菜心末，翻炒均匀。

7. 放入鲜百合、红椒丁。

8. 翻炒片刻，将原料炒断生即可。

9. 加入适量的精盐、鸡精调味，翻炒均匀，起锅装盘即成。

果汁白菜心

🥗 原料

白菜心1棵（约150克）　　　姜10克
红椒30克　　　　　　　　　香菜20克
大葱10克

🥄 调料

精盐5克　　　　　　可用味精代替
鸡精4克
熬浓的橙子汁50克

🔪 准备工作

1. 将白菜心、熬浓的橙子汁、红椒、大葱、姜、香菜准备好，备用。

2. 将红椒洗净，去除根蒂、籽，切成丝。

3. 大葱洗净，先切成段，再顺长切成细丝，备用。

4. 香菜洗净，去除根部，切成段。

5. 白菜叶子洗净，切成细丝。

6. 将白菜丝、红椒丝、葱丝，放入小盆中。

7. 放入香菜段。

制作步骤

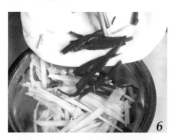

8. 加入适量的精盐、鸡精，拌匀，腌制**20**分钟，控去水分。

9. 倒入熬浓的橙子汁，搅拌均匀，放入冰箱冷藏**2**小时。

10. 取出，盛入盘中即可。

五色拌菜心

🍲 原料

白菜心1棵（约150克）　　香菜20克
胡萝卜30克　　　　　　　荷兰豆30克
紫甘蓝40克　　　　　　　辣椒20克
黄瓜30克

🍶 调料

精盐5克　　　香油10毫升
鸡精4克　　　辣椒油10毫升
味精3克　　　可用熟鸡油代替

🍳 准备工作

1. 将胡萝卜、白菜心、紫甘蓝、荷兰豆、香菜、辣椒、黄瓜准备好，备用。

2. 将胡萝卜、黄瓜分别洗净，切成丝。

3. 白菜叶洗净，切成丝；香菜洗净，去根部，切成段；辣椒洗净，去根蒂、籽，切成丝。

4. 将白菜丝、香菜段、辣椒丝、胡萝卜丝，放入沸水中焯水，捞出沥水。

5. 将荷兰豆洗净，择去老筋。

6. 紫甘蓝叶子掰开，洗净，切成细丝。

7. 将荷兰豆、紫甘蓝放入沸水中，焯水后，捞出沥水。

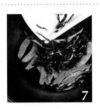

制作步骤

8. 将准备工作4和准备工作7沥水后的原料放入小盆中，加入适量的辣椒油、香油、精盐、鸡精、味精调味。

9. 再用筷子搅拌均匀，放入冰箱冷藏2小时。

10. 食用时，从冰箱取出，盛入盘中即可。

蚕豆炒腊肉

🍲 原料

蚕豆150克
腊肉100克
红椒30克
大蒜10克

🥄 调料

精盐5克
鸡精3克 ⁓ 可用味精代替
生抽10毫升
植物油10毫升

🍳 准备工作

1. 将蚕豆、腊肉、红椒、大蒜准备好，备用。

2. 将蚕豆洗净，掰开成蚕豆瓣。

3. 把腊肉洗净，先切成薄片，再将薄片叠起，切成丝。

4. 红椒洗净，去根蒂、籽，切成三角块。

5. 把蚕豆放入沸水中，复烧开，捞出沥水。

6. 锅中放入适量的油，烧热后，放入腊肉丝。

7. 将腊肉丝煸炒片刻。

制作步骤

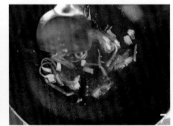

8. 放入焯水后的蚕豆、红椒块、大蒜片，翻炒均匀。

9. 加入适量的精盐、鸡精、生抽。

10. 放入调味料后，翻炒均匀，起锅装盘即可。

家常橙汁瓜条

🥣 原料　　　　🥄 调料

冬瓜250克　　白糖6克
　　　　　　　橙子1个

简单美味
开洋冬瓜

🍳 准备工作

1. 准备冬瓜250克，橙子1个。

2. 将冬瓜洗净，切去皮。

3. 冬瓜去皮后，先切成片，再叠起，切成细条，备用。

4. 将冬瓜条放入沸水中，复烧开，炒至断生后，捞出沥水。

制作步骤

5. 将橙子洗净，将汁挤入小碗中。

6. 将沥水后的冬瓜条放入小碗中，倒入挤好的橙子汁，放入白糖，用筷子搅拌均匀，放入冰箱冷藏2小时。

7. 食用时，取出放入盘中即可。

三鲜冬瓜

🍲 原料

冬瓜200克
水发香菇50克
火腿50克
金钩30克
蒜苗30克

🥄 调料

精盐5克
鸡精3克 ⟶ 可用味精代替
植物油10毫升
高汤100毫升 ⟶ 可用清水代替

🔪 准备工作

1. 将冬瓜、水发香菇、火腿、金钩、蒜苗准备好，备用。

2. 将冬瓜洗净，削去外皮。

3. 将去皮后的冬瓜切成薄片。

4. 水发香菇洗净，切成块；蒜苗洗净，切去根部，再切成2厘米长的段。

5. 火腿切成三角形薄片。
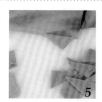

6. 将冬瓜片放入沸水中，焯水后，捞出沥水。
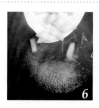

制作步骤

7. 锅中放入适量的油，烧热后，放入蒜苗、金钩，煸炒片刻。

8. 放入焯水后的冬瓜片、火腿片、香菇，翻炒均匀。

9. 加入适量的高汤，大火烧开。

10. 放入适量的精盐、鸡精，翻炒均匀，继续烧片刻，将原料烧熟入味，起锅装盘即可。

黄花菜拌黄瓜

🍲 原料

黄花菜70克
黄瓜130克
红椒丝10克
蒜片10克

🥄 调料

精盐5克
白糖4克
鸡精3克
味精3克

···· 可用生抽代替

酱油6毫升
香油10毫升

DIY腌黄瓜
贪心的美味

🍳 准备工作

1. 准备黄花菜70克，黄瓜130克，分别洗净备用。

2. 将黄花菜放入温水中，浸泡发软。

3. 将黄花菜泡软后，捞出，切去根部。

4. 然后将黄花菜放入沸水中，焯水后，捞出沥水。

5. 黄瓜洗净，先对半切开，再放平，切成薄片。

6. 将黄花菜、黄瓜片放入器皿中，加入适量的红椒丝、蒜片。

7. 放入适量的精盐、糖。

制作步骤

8. 加入适量的鸡精、味精。

9. 再放入适量的凉拌酱油、香油。

10. 用筷子搅拌均匀，装入盘中即可。

老干妈炒豇豆

🍲 原料

豇豆300克
猪肉末100克
干红椒20克
大蒜20克

🥢 调料

精盐5克
鸡精3克 ⟶ 可用味精代替
植物油10毫升
老干妈酱20克

🍳 准备工作

1. 将豇豆、猪肉末、干红椒、大蒜分别准备好，备用。

2. 豇豆去除老筋，洗净，切成3厘米长的段，备用。
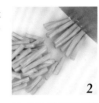

3. 将豇豆段放入沸水中，焯水后捞出沥水。
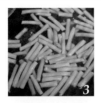

4. 干红椒洗净，去除根蒂，切成段。

5. 将大蒜去根部，切成片。

6. 置锅放入植物油，烧至五成热，放入红椒段，煸炒出辣味。

7. 放入肉末，翻炒完全变色，炒出肉香味后，倒入四季豆，翻炒均匀。

制作步骤

8. 放入适量的鸡精。

9. 加入适量的精盐。

10. 放入适量的老干妈酱，翻炒均匀，原料炒熟后，起锅装盘即可。

麻酱豇豆

原料

豇豆300克
芝麻酱50克
黑芝麻（熟）15克

可用白
芝麻（熟）
代替

大蒜20克
葱丝10克

调料

精盐5克
鸡精3克
白糖4克

🍳 准备工作

1. 准备好豇豆、芝麻酱、熟黑芝麻、大蒜、葱丝,备用。

2. 将大蒜去皮洗净,剁成蒜蓉。

3. 豇豆去除老筋,洗净,切成3厘米长的段。

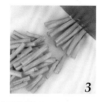

4. 将豇豆段放入沸水中。

5. 复烧开,将豇豆焯至断生,捞出沥水。

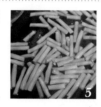

6. 把焯水后的豇豆放入器皿中。

7. 加入适量的精盐。

制作步骤

8. 放入适量的鸡精、糖,再放入蒜蓉、黑芝麻、葱丝。

9. 用筷子搅拌均匀后,倒入盘中。

10. 最后,浇上芝麻酱即可。

三丝茭白

原料

茭白150克
胡萝卜70克
红椒50克

火腿80克
水发香菇50克

调料

精盐5克
鸡精3克
植物油10毫升

可用味精
代替

🍳 准备工作

1. 将茭白、胡萝卜、红椒、火腿、水发香菇准备好，备用。

2. 将胡萝卜洗净，切成细丝。

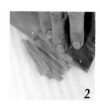

3. 红椒洗净，去除根蒂、籽，切成丝。

4. 火腿先切成片，再将片叠起，切成丝。

5. 水发香菇洗净，切成块。

6. 茭白洗净，削去外皮。

7. 将去皮后的茭白，切成丝。

制作步骤

8. 锅中放入适量的油，烧热后，放入茭白丝，煸炒片刻。

9. 放入胡萝卜丝、火腿丝、香菇块、红椒丝，翻炒均匀。

10. 放入适量的精盐、鸡精调味，翻炒均匀，大火将原料炒熟，起锅装盘即可。

椒香黑木耳

🍲 原料

水发木耳200克
红枣30克
大蒜10克

🥄 调料

精盐5克
鸡精3克
味精3克
辣椒油10毫升

白醋10毫升
大红袍花椒10克
食用油10毫升

可用老陈醋代替

16款美味夏日
开胃粥DIY

准备工作

1. 将水发木耳、红枣、大蒜、大红袍花椒准备好，备用。

2. 将红枣洗净，去核。

3. 大蒜去皮洗净，切成薄片。

4. 将水发木耳撕成小块，放入沸水中，复烧开，焯至断生，捞出沥水。

制作步骤

5. 将红枣、蒜片放入小碗中，倒入焯水后的木耳。

6. 加入适量的精盐。

7. 放入适量的鸡精、味精。

8. 加入适量的辣椒油。

9. 倒入少许的白醋。

10. 放入调味料后，用筷子搅拌均匀，装入盘中，将花椒用热油煸炒出味，浇在木耳上即可。

三彩金针菇

🍲 原料

金针菇150克
胡萝卜100克
水发香菇60克
青椒50克

🥄 调料

精盐5克
白糖4克
鸡精3克
味精3克

凉拌醋10毫升
生抽5毫升
香油10毫升

可用熟鸡油
代替

南瓜金针菇汤
减法汤

🍳 准备工作

1. 准备金针菇150克，胡萝卜100克，水发香菇60克，青椒50克，备用。

2. 将青椒洗净，去除根蒂、籽，切成丝；水发香菇洗净，切成丝。

3. 胡萝卜洗净，先切成薄片，再将薄片叠起，切成细丝。

4. 金针菇洗净，撕开。

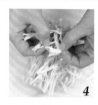

5. 将撕开后的金针菇放入沸水中，复烧开，稍煮片刻，焯水后，捞出沥水。

6. 将胡萝卜丝、香菇丝、青椒丝，一起放入沸水中，焯水后，捞出沥水。

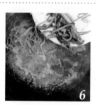

7. 将过程5和过程6焯水后的原料放入器皿中。

8. 加入适量的精盐。

制作步骤

9. 放入适量的味精、鸡精、凉拌醋、糖、生抽。

10. 再放入适量的香油，然后用筷子搅拌均匀，装入盘中即可。

什锦小菜

🍲 原料

洋葱100克
红柿子椒70克
水发木耳70克
虾皮30克

🥄 调料

精盐5克
鸡精3克
味精3克
香油10毫升

可用熟鸡油
代替

🍳 准备工作

1. 将洋葱、红柿子椒、水发木耳、虾皮准备好，备用。

2. 将红柿子椒洗净，切成丝。

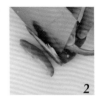

3. 洋葱洗净，切成丝。

4. 将洋葱丝、柿子椒丝、木耳一起放入沸水中。

5. 加入适量的精盐。

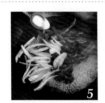

6. 放入适量的鸡精、味精，复烧开，捞出沥水。

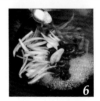

---

7. 将上一过程沥水后的原料，放入小碗中。

8. 放入虾皮，用筷子搅拌均匀。

制作步骤

9. 放入适量的香油，再搅拌均匀。

10. 将搅拌均匀的原料，放入盘中即可。

香菇炒黄花菜

怎样炖菜最香

🥬 原料

胡萝卜100克
黄花菜60克
水发香菇80克
葱姜丝各10克

🥄 调料

精盐5克
鸡精3克 ⚬⚬⚬ 可用味精代替
生抽10毫升
植物油10毫升

生粉15克

可用红薯粉
代替

准备工作

1. 准备胡萝卜100克，黄花菜60克，水发香菇80克，备用。

1

2. 将水发香菇洗净，去除根蒂，片成薄皮。

2

3. 然后将香菇片切成细丝。

3

4. 胡萝卜洗净，切成薄皮，将薄皮叠起，切成丝。

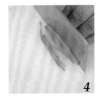

4

5. 把黄花菜放入温水中，浸泡至发软。

5

6. 将泡软的黄花菜捞出洗净，去除根蒂，切成段。

6

---

7. 锅中放入适量的底油，烧热后，放入适量的葱丝、姜丝，煸炒出味。

8. 放入黄花菜、胡萝卜丝，翻炒均匀。

制作步骤

7

8

9

10

9. 加入适量的精盐、鸡精、生抽，将黄花菜和胡萝卜炒至断生。

10. 放入调料后，淋入少许生粉芡汁，翻炒均匀，装入盘中即可。

油闷草菇

🍲 原料

草菇150克
黄瓜100克
胡萝卜100克
白果30克

🔪 调料

精盐5克
鸡精3克   可用味精代替
辣椒油10毫升
植物油15毫升

高汤150毫升   可用清水代替
生粉15克   可用红薯粉代替

🍳 准备工作

1. 将草菇、黄瓜、胡萝卜、白果准备好，备用。

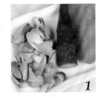

2. 胡萝卜洗净，切成薄块状。

3. 将黄瓜洗净，切成滚刀块。

4. 草菇洗净，顺长改刀成块。

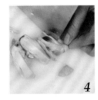

5. 将草菇块放入沸水中，复烧开，捞出沥水。

6. 锅中放入适量的油，烧热后，放入黄瓜块、胡萝卜块，煸炒片刻。

7. 放入草菇块、白果，翻炒均匀。

制作步骤

8. 放入适量的精盐、鸡精，加适量高汤，翻炒均匀，将原料焖熟。

9. 加入适量的辣椒油。

10. 最后，淋入适量的生粉芡汁，翻炒均匀，起锅装盘即可。

豆豉苦瓜鸡丁

苦尽甘来
酿苦瓜

🍲 原料

鸡脯肉150克
苦瓜150克
洋葱100克
青椒1个

🥄 调料

精盐5克
鸡精3克
味精3克
生抽10毫升

老干妈豆豉20克
植物油15毫升

准备工作

1. 将鸡脯肉、苦瓜、洋葱、青椒、豆豉准备好，备用。

2. 青椒洗净，切去根蒂，然后切成辣椒块；洋葱洗净，切除根部，切成块。

3. 鸡脯肉洗净，剔除筋膜，改刀成1厘米见方的丁。

4. 将苦瓜洗净后，去除内瓤，切成抹刀片，放入沸水中，焯水后，捞出沥水。

制作步骤

5. 锅中放入适量的油，烧热后，放入鸡丁，煸炒出香味。

6. 放入洋葱块、辣椒块，翻炒均匀。

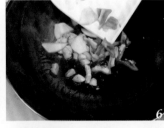

7. 放入适量的精盐、鸡精、味精。

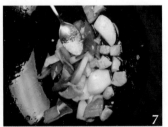

8. 再加入适量的生抽，放入调料后，翻炒均匀。

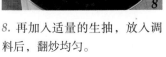

9. 放入焯水后的苦瓜片，翻炒均匀，将原料炒熟。

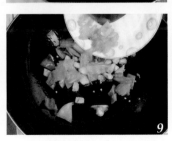

10. 最后，放入豆豉，翻炒均匀，起锅装盘即可。

干煸苦瓜

🍲 原料

苦瓜1根（约250克）
红椒1个（约50克）
青椒1个（约50克）

🥄 调料

精盐5克
鸡精3克
味精3克

豆豉20克
植物油15毫升

准备工作

1. 将苦瓜、红椒、青椒、豆豉准备好，备用。

2. 将苦瓜洗净后，对半切开，再对半切开，然后平刀削去内瓤。

3. 再将苦瓜切成抹刀片。

4. 红椒、青椒洗净，切去根蒂，然后切成辣椒圈。

5. 将苦瓜放入沸水中。

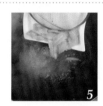

6. 红椒、青椒圈也放入沸水中，焯至断生后，捞出沥水。

---

7. 锅中放入适量的油，烧热后，放入豆豉，煸炒出香味。

8. 放入焯水后的苦瓜、辣椒圈，翻炒均匀。

制作步骤

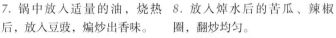

9. 放入适量的精盐、鸡精、味精。

10. 放入调料后，翻炒均匀，起锅装盘即可。

醋熘藕片

🍲 原料　　　🥄 调料

莲藕150克　　精盐4克　　　　　　　　　　　高汤40毫升　可用清水代替
花椒10克　　鸡精4克　可用味精代替
大蒜10克　　植物油10毫升

🔪 准备工作

1. 将莲藕、花椒、大蒜准备好，备用。

2. 将莲藕用清水洗净，削去外皮。

3. 将莲藕先顺长对半切开。

4. 再顺长切开，然后切成薄片，如图。

制作步骤

5. 锅中放入适量植物油烧热，放入花椒、蒜片煸炒出味。

6. 放入莲藕片，煸炒片刻。

7. 加入适量的白醋翻炒均匀。

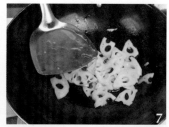

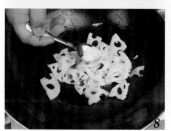

8. 放入适量的精盐。

9. 加入适量的鸡精。

10. 淋入少许高汤翻炒均匀，起锅装盘即可。

美极莲藕

🥘 原料

莲藕150克
胡萝卜60克
黄瓜60克
大蒜20克

🥄 调料

精盐4克
鸡精4克 ⤏ 可用味精代替
美极酱油10毫升
生抽5毫升

植物油10毫升
生粉10克 ⤏ 可用红薯粉代替

🍴 准备工作

1. 准备莲藕150克，胡萝卜60克，黄瓜60克，大蒜20克，备用。

2. 将胡萝卜洗净，切成薄块状。

3. 黄瓜洗净，切成滚刀块。

4. 将莲藕洗净，削去皮。

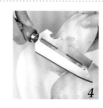

5. 把莲藕先顺长对半切开，再顺长切开，然后切成薄片，如图。

6. 将莲藕片放入沸水中，焯水后捞出沥水。

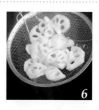

7. 锅中放入适量的油，烧热后，放入莲藕，煸炒片刻。

8. 放入黄瓜、胡萝卜块，翻炒均匀。

制作步骤

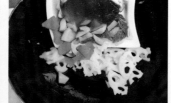

9. 加入适量的精盐、鸡精。

10. 放入酱油、生抽，翻炒均匀，将原料炒断生；淋入的生粉芡汁，翻炒，起锅装盘即可。

剁椒粉丝蒸茄子

DIY五彩虎皮
茄子卷

🍲 原料

紫色长茄子200克　　大蒜20克
龙口粉丝1把　　　　鲜香菇2朵
基围虾4只
剁椒30克

🥄 调料

鸡精3克 可用味精代替
精盐5克
植物油200毫升
生粉15克 可用红薯粉
代替

🍳 准备工作

1. 将紫色长茄子、龙口粉丝、基围虾、剁椒、大蒜、鲜香菇准备好，备用。

2. 将大蒜去皮洗净，剁成蒜粒；香菇洗净，切成粒。

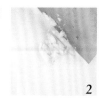

3. 将粉丝放入温水中，泡软后待用。

4. 把基围虾放入沸水中，飞水后，取虾仁，将虾仁切成粒。

5. 茄子洗净，先切成4厘米长的段，再顺长从中间切开。

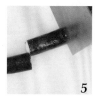

6. 然后将茄条放入八成热油锅中，过油后控油，放入盘中。

7. 将粉丝放在茄子上，盖上锅盖，烧开后，转中火蒸约10分钟，将茄子和粉丝蒸熟透。

8. 锅中放入油，烧热后，放入蒜粒、虾仁粒、香菇粒煸炒出味，放入剁椒，翻炒均匀。

9. 加入高汤，放入精盐、鸡精调味，烧开后，淋入少许生粉芡汁，调好浓稠度和味道。

10. 将上步中的汤汁浇在粉丝上即可。

家常茄子

🍲 原料

紫色长茄子200克
黄瓜60克
红椒20克
大蒜20克

🖌 调料

精盐5克
鸡精3克 ⟍ 可用味精代替
植物油200毫升
蚝油10毫升

🍳 准备工作

1. 将紫色长茄子、黄瓜、红椒、大蒜准备好，备用。

2. 将黄瓜洗净，切成块状。

3. 取适量红椒，去除椒肉，将椒皮切成细丝，放入水中待用。

4. 茄子洗净，切成滚刀块。

5. 将茄子块放入八成热油锅中，炸片刻。

6. 放入黄瓜块，再炸约半分钟，捞出控油。

7. 锅留底油，放入蒜粒，煸炒出味。　8. 放入适量的蚝油。

制作步骤

9. 放入过油后的茄子块、黄瓜块，翻炒均匀。

10. 加入适量的盐、鸡精调味，翻炒均匀，起锅装盘，撒上红椒丝点缀即可。

番茄山药

🍲 原料

西红柿150克
山药100克
水发木耳60克
香芹叶10克

🥄 调料

精盐5克
鸡精4克 ⸺ 可用味精代替
生抽10毫升
植物油15毫升

滋补强身的
家常好汤

🧹 准备工作

1. 准备西红柿150克，山药100克，水发木耳60克，香芹叶10克，备用。

2. 将水发木耳放入温水中，清洗干净，将大朵的撕成小朵。

3. 西红柿洗净，切去根蒂，改刀成小块。

4. 将山药洗净，削去皮。

5. 将去皮后的山药，再冲洗干净，切成滚刀块。

---

6. 锅中放入适量的油，烧热后，放入木耳、山药、西红柿。

7. 放入原料后，大火快炒片刻。

制作步骤

8. 放入适量的鸡精。

9. 加入适量的精盐。

10. 最后，再放入适量的生抽，翻炒均匀，起锅装盘，用少许香菜叶点缀即可。

凉拌山药丝

🍲 原料

山药200克
干木耳30克

🥄 调料

精盐5克
鸡精4克 ····· 可用味精代替
香油10毫升 ····· 可用花生油、
　　　　　　　 豆油代替

🍴 准备工作

1. 准备山药200克，洗净，削去皮，先切成4厘米长的段，再顺长改刀成条。

2. 将改刀好的山药条，放入清水中，洗去黏液。

3. 准备干木耳30克，放入温水中，浸泡至完全泡软。

4. 将泡软的木耳洗净，切成木耳丝。

5. 将山药、木耳放入沸水中，复烧开，焯至断生，捞出沥水。

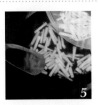

6. 把焯水后的木耳、山药放入器皿中。

7. 加入适量的精盐、鸡精。

制作步骤

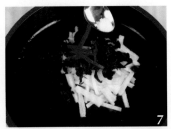

8. 放入适量的香油。

9. 放入调料后，用筷子搅拌均匀。

10. 搅拌均匀后，腌制1分钟，装入合适的盘子中即可。

清炒丝瓜

🍲 原料

丝瓜300克
大蒜20克
姜10克
葱10克

🥄 调料

精盐5克
鸡精3克
味精3克
植物油100毫升

端午吃粽子
好伴侣

准备工作

1. 将丝瓜、大蒜、姜、葱准备好，备用。

2. 将大蒜去皮洗净，剁成蒜粒；葱、姜洗净，切成葱、姜丝。

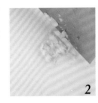

3. 洗净丝瓜，削去外皮。

4. 先将丝瓜切成3厘米长的段，再顺长改刀成条。

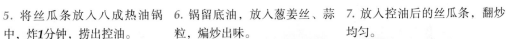

制作步骤

5. 将丝瓜条放入八成热油锅中，炸1分钟，捞出控油。

6. 锅留底油，放入葱姜丝、蒜粒，煸炒出味。

7. 放入控油后的丝瓜条，翻炒均匀。

8. 加入适量的盐、味精。

9. 放入适量的鸡精。

10. 翻炒入味，起锅装盘即可。

柿子椒炒香肠

🍲 原料

黄柿子椒200克
香肠2根

🥄 调料

精盐5克
鸡精3克
植物油10毫升

可用味精代替

🍳 准备工作

1. 准备黄柿子椒200克，香肠2根，放入盘中待用。

2. 将黄柿子椒洗净，去除根蒂、籽。

3. 然后将柿子椒切成三角块状。

4. 将香肠用刀尖划开，剥去外皮。

5. 然后将香肠切成薄片。

6. 锅中放入适量底油，烧热后，放入黄柿子椒，煸炒片刻。

7. 放入香肠片，翻炒均匀。

制作步骤

8. 放入适量的精盐。

9. 加入适量的鸡精。

10. 翻炒均匀，将柿子椒炒断生后，起锅装盘即可。

煸炒四季豆

🥘 原料

四季豆 150克
肉末 50克
干红椒 20克
大蒜 10克

🥄 调料

精盐 5克
鸡精 3克 ⟶ 可用味精
植物油 300毫升　　代替
老干妈酱 20克

上班族10道
美味快手菜

准备工作

1. 将冬笋、莴笋、胡萝卜、水发木耳准备好，分别洗净备用。

2. 将胡萝卜洗净，切成细丝。

3. 水发木耳洗净，去除根蒂，切成细丝。

4. 莴笋洗净，削去外皮。

5. 将莴笋先切成薄片，再将薄片叠起，切成细丝。

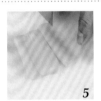

6. 冬笋洗净，去皮，顺纹理切成细丝。

7. 将冬笋丝放入沸水中，焯水后，捞出沥水。

8. 把胡萝卜丝、莴笋丝、木耳丝，一起放入沸水中，捞出沥水。

 制作步骤

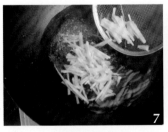

9. 将制作步骤1和制作步骤2中焯水的原料，一起放入器皿中。

10. 加入适量的精盐、鸡精、味精、香油、凉拌醋，搅拌均匀，装入盘中即可。

麻辣冬笋

🍲原料

冬笋300克
干红椒20克
大蒜20克

🥄调料

精盐5克
鸡精3克
味精3克

辣椒油10毫升
植物油15毫升

准备工作

1. 将冬笋、干红椒、大蒜准备好，备用。

2. 将干红椒用剪刀剪成丝。

3. 大蒜去皮洗净，切成片。

4. 冬笋洗净，先切成薄片。

5. 再将冬笋顺纹理切成丝。

6. 将冬笋丝放入沸水中，焯水后，捞出沥水。
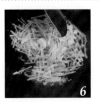

7. 锅中放入适量的油，烧热后，放入干红椒煸炒出味，再放入冬笋丝，翻炒均匀。

8. 加入适量的辣椒油，翻炒均匀。

制作步骤

9. 加入适量的精盐、鸡精调味。

10. 放入适量的味精提鲜，翻炒均匀，起锅装盘即可。

番茄丝瓜

🍲 原料

丝瓜150克
西红柿60克
大蒜20克
葱姜丝各10克

🥄 调料

精盐3克
鸡精4克 可用味精代替
食用油400毫升

火腿番茄酱
面包DIY

🍳 准备工作

1. 准备丝瓜150克，西红柿60克，大蒜、葱姜丝各适量。

2. 大蒜去皮洗净，剁成蒜蓉。

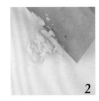

3. 西红柿洗净，去除根蒂，切成片。

4. 丝瓜洗净，削去外皮。

5. 先将丝瓜切成3厘米长的段，再顺长改刀成条。

6. 将丝瓜条放入八成热油锅中，炸至变软，捞出控油。

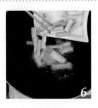

---

7. 锅留底油，放入葱姜丝、蒜蓉，煸炒出味。

8. 放入西红柿，翻炒均匀。

制作步骤

9. 放入过油后的丝瓜条，翻炒均匀。

10. 加入适量的盐、鸡精调味，翻炒均匀，起锅装盘即可。

素炒豆芽

🍲 原料

黄豆芽150克　　　干红椒15克
胡萝卜100克　　　大蒜10克
水发木耳50克

🥄 调料

精盐5克
鸡精3克
植物油10毫升

可用味精代替

🍴 准备工作

1. 将黄豆芽、胡萝卜、水发木耳、干红椒、大蒜准备好，备用。

2. 将干红椒去根蒂，切成小段；大蒜去皮洗净，切成片。

3. 胡萝卜洗净，先切成片，再将片切成丝。

4. 将水发木耳洗净，切成条。

5. 把黄豆芽摘净根，放入沸水中，复烧开。

6. 再放入胡萝卜丝、木耳，焯水后，捞出沥水。

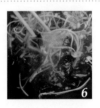

7. 锅中放入适量底油，烧热后，放入红椒段、大蒜片，煸炒出味。

8. 放入黄豆芽、胡萝卜、木耳，翻炒均匀。

制作步骤

9. 加入适量的盐、鸡精。

10. 翻炒均匀，大火炒约2分钟，将原料炒熟入味，起锅装盘即可。

地三鲜

🍲 原料

紫茄子150克
土豆150克
青椒40克
红椒40克

🥄 调料

精盐5克
鸡精3克
生抽10毫升
植物油15毫升

可用味精
代替

高汤100毫升
生粉20克

可用清水代替

可用红薯粉
代替

🍳 准备工作

1. 将紫茄子、土豆、青椒、红椒准备好，备用。

2. 将土豆洗净，削去外皮。

3. 将去皮后的土豆，切成薄片。

4. 把茄子洗净，切成滚刀块。

5. 青椒、红椒分别洗净，去除根蒂、籽，切成三角块。

7种土豆完美吃法

6. 将土豆片、茄子块、辣椒块一起放入器皿中，加入适量的精盐、鸡精、生抽。

7. 放入调味，用筷子搅拌均匀。

制作步骤

8. 锅中放入适量的油，烧热后，放入制作步骤2的原料。

9. 大火翻炒均匀，加入适量的高汤，烧开，将原料烧熟入味。

10. 淋入适量的生粉芡汁，翻炒均匀收汁后，起锅装盘即可。

炝拌土豆丝

🍲 原料

土豆300克
胡萝卜60克
香芹50克
大蒜20克

🥄 调料

精盐5克
鸡精3克
味精3克

香油10毫升
凉拌酱油10毫升

🍳 准备工作

1. 将土豆、胡萝卜、香芹、大蒜准备好，备用。

2. 将土豆洗净，削去外皮。

3. 将去皮后的土豆，先用花刀切成薄片，再将薄片切成细丝。

4. 同样，先将胡萝卜用花刀切成片，再切成丝；香芹洗净，切段。

5. 将土豆丝放入沸水中，焯水后捞出沥水；胡萝卜丝、香芹段焯水，捞出沥水。

6. 将焯水后的土豆丝、胡萝卜丝、香芹段，一起放入器皿中，加入适量的精盐。

7. 放入适量的鸡精、味精。

制作步骤

8. 放入适量的香油、凉拌酱油。

9. 再放入蒜片，用筷子搅拌均匀。

10. 拌匀后，装盘即可。

海米炝西蓝花

🥬 原料

西蓝花150克
海米100克
大蒜20克

🥄 调料

精盐5克
鸡精4克
生抽7毫升

植物油10毫升

可用味精
代替

🍳 准备工作

1. 将西蓝花、海米、大蒜准备好，备用。

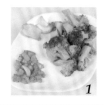

2. 大蒜去皮洗净，切成薄片。

3. 西蓝花掰成小朵，放入沸水中，焯水后，捞出沥水。

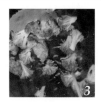

强健骨骼的灯影

制作步骤

4. 锅中放入适量的油，烧热后，放入海米煸炒出香味。

5. 放入焯水后的西蓝花。

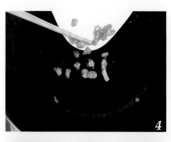

6. 加入适量的生抽，翻炒均匀。

7. 加入适量的鸡精。

8. 放入适量的精盐，翻炒均匀，将原料炒熟，起锅装盘即可。

蒜蓉西蓝花

🥘 原料　　　🥄 调料

西蓝花200克　　精盐5克　　　　　　　　植物油10毫升
大蒜30克　　　鸡精3克　⋯ 可用味精　　生粉15克　⋯ 可用红薯粉
　　　　　　　　　　　　代替　　　　　　　　　　　代替

准备工作

1. 将西蓝花、大蒜准备好，备用。

2. 将大蒜洗净后，切成片。

3. 西蓝花从根茎部，切成小朵。

4. 将西蓝花放入沸水中。

5. 复烧开，把西蓝花焯至断生，捞出沥水。
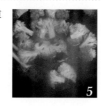

制作步骤

6. 锅中放入适量的油，烧热后，放入蒜片，煸炒出香味。

7. 放入焯水后的西蓝花，翻炒均匀，放入适量的鸡精。

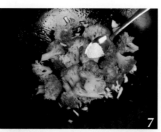

8. 加入适量的精盐。

9. 放入调料后，淋入少许生粉芡汁，翻炒均匀，装入盘中即可。

西芹枸杞炒百合

🥬 原料

西芹300克
鲜百合30克
枸杞20克

🍳 调料

精盐5克
鸡精3克
植物油20毫升

可用味精
代替

🍴 准备工作

1. 准备西芹300克，鲜百合、枸杞各适量，备用。

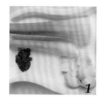

2. 将枸杞洗净，放入温水中泡发；鲜百合掰开，洗净。

3. 西芹洗净，削去外皮。

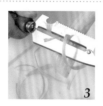

4. 将去皮后的西芹切成薄片，斜着切，如图所示。

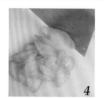

🔍 制作步骤

5. 锅中放入适量的油，烧热后，放入西芹片，翻炒均匀。

6. 放入鲜百合，翻炒均匀。

7. 放入适量的精盐、鸡精调味。

8. 放入泡发的枸杞，翻炒均匀。

9. 大火将原料炒至断生。

10. 起锅，盛入合适的盘子中即可。

盐水西芹

🍲 原料

西芹250克
大蒜20克
孜然10克

🖌 调料

精盐15克
甜面酱50克

可用其他酱
代替

准备工作

1. 准备西芹250克，大蒜、孜然、甜面酱（或者其他酱）各适量。

2. 将西芹洗净，削去外皮。

3. 先将西芹切成4厘米长的段，再将西芹段顺长破开，成薄片。

4. 然后将西芹片切成西芹丝。

制作步骤

5. 碗中放入足量的凉白开水，放入适量的精盐，用筷子搅拌将精盐化开。

6. 将西芹丝放入精盐水中，浸泡1小时。

7. 盘中放入蒜片、孜然、甜面酱（或者其他酱），拌匀后放入腌制好的西芹丝。

8. 用筷子将西芹丝和酱汁搅拌均匀，上桌即可。

糖醋心里美

🍲 原料

心里美萝卜1个（约200克）

🥄 调料

精盐5克
鸡精4克 ┄┄ 可用味精代替
白糖3克

白醋10毫升 ┄┄ 可用老陈醋代替
香油10毫升

🍴 准备工作

1. 准备心里美1个，洗净后备用。

2. 将心里美削去外皮。

3. 先将心里美切成薄片。

4. 再将心里美片叠起，切成细丝。

心里美寿司，
胸怀单纯的喜悦

制作步骤

5. 将切好的心里美丝，放入器皿中。

6. 加入适量的精盐、鸡精、白糖。

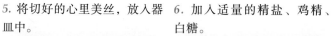

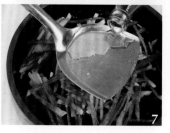

7. 放入适量的白醋、麻油。

8. 放入调料后，用筷子搅拌均匀。

9. 拌匀后，腌制10分钟，装盘即可。

特色萝卜皮

🥗 原料
心里美萝卜1个（约300克）
干红椒20克

🥄 调料
酱油5毫升
白醋10毫升 ⟶ 可用老陈醋代替
生抽10毫升 ⟶ 可用老抽代替
白糖4克

植物油15毫升
高汤100毫升
花椒10克 ⟶ 可用清水代替

🔪 准备工作

1. 准备心里美萝卜1个，洗净后备用。

2. 将心里美萝卜洗净，把皮削下来，然后将削下来的萝卜皮放入碗中。

3. 准备干红椒适量，切成细丝。

制作步骤

4. 锅中放入适量的油，烧热后，放入红椒丝，煸炒出味。

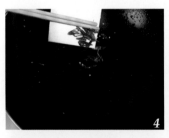

5. 放入适量的酱油、白醋、高汤、生抽。

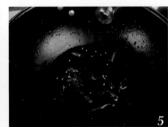

6. 加入适量的白糖。

7. 放入适量的花椒、蒜片，大火烧开，盛入碗中放凉。

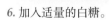

8. 将放凉后的汤汁，浇在萝卜皮上，腌制1小时即可。

洋葱炒牛肉丝

🍲 原料   🥄 调料

洋葱150克   精盐5克   植物油400毫升

牛肉100克   鸡精4克   红薯淀粉20克 ----○---- 可用生粉代替

鸡蛋1只   蚝油10毫升

红椒丝10克   生抽10毫升

🍳 准备工作

1. 将洋葱、牛肉、鸡蛋准备好，备用。

2. 将洋葱洗净，切去根部，再切成丝。

3. 牛肉洗净，剔除筋膜，顺牛肉纹理，切成牛肉丝。

4. 把牛肉丝放入小盘中，加入适量的精盐、鸡精。

5. 放入适量的蚝油。

6. 打入鸡蛋清，放入适量的红薯淀粉，用筷子搅拌均匀，腌制10分钟。

7. 将腌制过的牛肉丝放入八成热油锅中，过油后，倒出多余的油。

8. 放入洋葱丝，翻炒均匀。

制作步骤

9. 再放入少许的精盐。

10. 最后，加入点生抽提味，放入适量的红椒丝，翻炒均匀，起锅装盘即可。

平菇炒莜麦菜

🍲 原料　　　🥄 调料

莜麦菜150克　　精盐5克　　　鸡精4克
平菇100克　　　味精3克　　　植物油20毫升

🍳 准备工作

1. 准备莜麦菜150克，平菇100克，分别洗净备用。
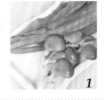

2. 将莜麦菜洗净后，切去根部，再从中间切成段。

3. 将平菇洗净，顺纹理撕成小条。

4. 将油麦菜放入沸水中，焯水后，捞出沥水。
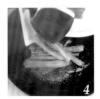

制作步骤

5. 锅中放入适量的油，烧热后，放入平菇煸炒出水。

6. 加入适量的精盐、鸡精，味精，翻炒均匀。

7. 放入莜麦菜段。

8. 翻炒均匀，将莜麦菜炒至断生，起锅装盘即可。

蒜蓉莜麦菜

🍲 原料

莜麦菜200克
大蒜20克
红椒丝5克

🥄 调料

精盐5克
鸡精4克 ⟶ 可用味精
代替
白糖3克

植物油20毫升

🔪 准备工作

1. 准备莜麦菜200克，大蒜20克，备用。

2. 将大蒜去皮洗净，剁成蒜粒。

3. 把莜麦菜洗净，切去根部，再从中间切成段。

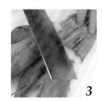

制作步骤

4. 锅中放入适量底油，烧热后，放入莜麦菜段。

5. 放入蒜粒，翻炒片刻。

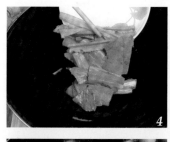

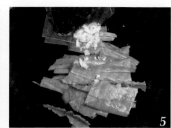

6. 加入适量的精盐。

7. 加入适量的鸡精。

8. 放入适量的白糖，翻炒均匀，将莜麦菜炒至断生，起锅装盘，撒上红椒丝点缀即可。

松仁玉米

🥣 原料

罐装玉米粒150克
松仁50克
青椒30克
红椒30克

可用鲜玉米粒代替

🥄 调料

精盐5克
鸡精3克
植物油15毫升
生粉10克

可用味精代替

可用红薯粉代替

DIY苹果
玉米汤

准备工作

1. 将罐装玉米、松仁、青椒、红椒准备好，备用。

2. 将红椒洗净，去除根蒂、籽，切成丝。

3. 将青椒洗净，去除根蒂、籽，切成丝。

4. 然后将青、红椒丝一起切成大小一样的粒。

制作步骤

5. 锅中放入适量的油，烧热后，放入玉米粒，翻炒均匀。

6. 放入青椒粒、红椒粒。

7. 用中火，将玉米粒和辣椒粒翻炒均匀。

8. 加入适量的精盐、鸡精。

9. 放入松仁（松仁用热油先煸炒出香味），翻炒均匀，淋入生粉芡汁，再翻炒片刻。

10. 起锅，装入盘中，即成。

🍳 准备工作

1. 将袋装香干、香芹、红椒、基围虾准备好，待用。

2. 将基围虾焯水后，去壳，取出虾仁；红椒洗净，去根蒂，切成丝。

3. 香芹洗净，切成2厘米长的斜刀段。

4. 香干取出，切成丝。

5. 将香干丝、红椒丝、香芹段，放入沸水中。

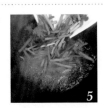

6. 虾仁也一同放入，复烧开，煮半分钟，捞出沥水。

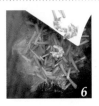

---

7. 将沥水后的原料，放入小盆中，加入适量的精盐、味精、鸡精。

8. 放入适量的凉拌酱油。

制作步骤

9. 加入适量的香油，用筷子搅拌均匀。

10. 将拌好的原料，放入盘中即可。

凉拌豆皮

🍲 原料

油豆腐皮250克
红椒30克
黄瓜70克

🥄 调料

精盐5克
鸡精4克
香油10毫升

可用味精
代替

怎样炒豆腐丝
好吃

🍳 准备工作

1. 将油豆腐皮、红椒、黄瓜准备好，备用。

2. 将红椒洗净，去除根蒂、籽，然后切成细丝。

3. 将黄瓜洗净，旋着去除内瓤。

4. 然后将黄瓜皮切成细丝。

5. 把豆腐皮洗净，改刀成条状。

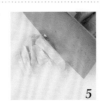

6. 将豆腐条放入沸水中，焯水后，捞出沥水，放入盘中。

7. 将黄瓜丝、红椒丝也放入盘中，加入适量的精盐、鸡精调味。

制作步骤

8. 淋入适量的香油。

9. 用筷子搅拌均匀。

10. 将拌匀的原料换个干净的盘子，重新码盘即可。

鲜香小豆腐

🥢 原料

老豆腐200克　　　青豆30克
胡萝卜100克　　　干红椒10克
虾仁30克

🥄 调料

精盐5克　　　　　可用味精代替
鸡精4克
植物油100毫升

八角1个　　　　　可用清水代替
高汤200毫升
生粉20克

准备工作

1. 将老豆腐、胡萝卜、虾仁、青豆、干红椒准备好，备用。

2. 将豆腐洗净后，切成2厘米见方的块。

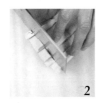

3. 把改刀好的豆腐块放入八成热油锅中。

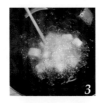

4. 当豆腐块炸至表面酥黄，捞出控油。

5. 胡萝卜洗净，先切片，再切丝，然后切成丁；虾仁洗净，切丁。

6. 锅中放入适量的油，烧热后，放入胡萝卜丁。

7. 放入虾仁丁、八角、干红椒段，煸炒出香味。

制作步骤

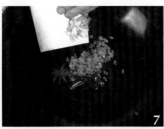

8. 放入豆腐块，翻炒均匀。

9. 加入适量的高汤、精盐、鸡精，烧开后，煮约4分钟。

10. 淋入适量的生粉芡汁，复烧开，翻炒均匀，起锅装盘即可。

水产类

剁椒鱼尾

🍲 原料

鱼尾1条
大葱20克
红椒20克
剁椒40克

🥄 调料

精盐5克
鸡精4克 ············· 可用味精代替
白糖3克
生抽10毫升
蒸鱼豉油20毫升

川味美食水煮鱼
家常做法

🍴 准备工作

1. 准备大葱适量，洗净后，切成段，刮去内壁黏液，切成细丝，放入清水中。

2. 准备红椒适量，洗净后，去除籽，切成细丝，放入清水中。

3. 准备鱼尾1条，洗净，顺鱼脊骨破开。

4. 将鱼尾对半破开后，用刀去除鱼骨。

5. 将剔除鱼骨的纯鱼肉改刀成小块。

6. 把鱼肉块放入器皿中，加入适量的精盐。

7. 放入适量的鸡精、白糖。

制作步骤

8. 加入适量的生抽，用筷子拌匀，腌制10分钟，放入蒸盘中。

9. 将鱼肉码放整齐，再放上适量的剁椒。

10. 将蒸盘移入蒸锅，倒入适量的蒸鱼豉油，上汽后蒸约6分钟，关火，再虚蒸4分钟，取出，撒上葱丝、红椒丝即可。

糖醋鱼块

🍲 原料

鱼肉块300克
鸡蛋1只

🥄 调料

鸡精4克 ⸺ 可用味精代替
白糖4克 ⸺ 可用老陈醋
白醋10毫升　代替

植物油500毫升
生粉20克 ⸺ 可用红薯
番茄酱30克　粉代替

🍴 准备工作

1. 准备鱼肉块，洗净后放入碗中，加入适量的鸡精、生粉。

2. 打入一个鸡蛋清，抓匀后腌制10分钟。

3. 将鱼肉块放入八成热的油锅中。

4. 把鱼肉块炸酥透，捞出控油。

制作步骤

5. 锅留底油，放入适量的番茄酱，小火将番茄酱炒开。

6. 放入适量的白糖。

7. 加入适量的白醋。

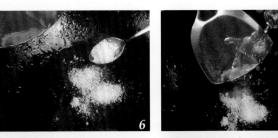

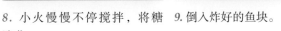

8. 小火慢慢不停搅拌，将糖溶化。

9. 倒入炸好的鱼块。

10. 翻拌均匀，起锅装盘即可。

酸菜鱼丁煲

🍲 原料

鱼肉300克
酸菜100克
大葱20克
红尖椒20克
姜片20克

🥄 调料

精盐6克　　　　可用味精
　　　　　　　　代替
鸡精4克
白醋8毫升　　　可用老陈醋代替
生粉20克　　　　可用红薯粉
　　　　　　　　代替
胡椒粉8克

高汤200毫升　　　可用清水代替
辣椒油10毫升
植物油20毫升
花椒10克

准备工作

1. 将鱼肉、酸菜、大葱、红尖椒、姜片、花椒准备好，待用。

2. 将酸菜洗净，切去根部，然后切成抹刀片。

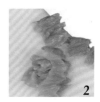

3. 鱼肉洗净，先切成1厘米宽的长条，再切成1厘米见方的肉丁。

4. 将鱼肉丁放入碗中，加入精盐、生粉，拌匀。

5. 将拌匀的肉丁放入沸水中，稍微煮片刻，捞出沥水。

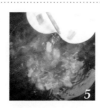

6. 锅中放入油，烧热后，放入花椒、姜片、大蒜、红尖椒，翻炒出味。

7. 放入酸菜，翻炒均匀。

制作步骤

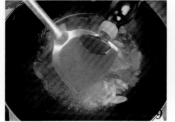

8. 加入高汤，复烧开。

9. 加入辣椒油、精盐、鸡精、白醋、胡椒粉，翻炒均匀。

10. 放入鱼肉丁，翻炒均匀，烧约2分钟，大火收汁后，起锅装盘即可。

黄瓜拌蛤蜊

🥗 原料

蛤蜊肉150克　　香菜20克
黄瓜50克　　　熟白芝麻10克
红椒50克

🥄 调料

精盐4克　　香油10毫升　　　　可用熟鸡油代替
鸡精4克　　凉拌酱油10毫升
味精3克　　白醋5毫升　　　　可用老陈醋代替

准备工作

1. 准备蛤蜊肉150克（如果是活蛤蜊，加工过程参考过程2和过程3），黄瓜、红椒、香菜各适量。

2. 将蛤蜊放入清水中，加几滴油，吐尽泥沙，放入沸水中，加适量的料酒煮开。

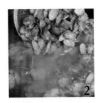

3. 将煮熟的蛤蜊去掉外壳（如果是买了的蛤蜊肉，直接煮熟即可）。

4. 红椒洗净，去跟根蒂、籽，切成细丝。

5. 黄瓜洗净，先切成条，再切成小块。

6. 香菜洗净，去除根部，切成小段。

7. 将香菜段、红椒丝、黄瓜块放入小碗中，加入适量的盐、鸡精、味精。

8. 放入适量的香油，搅拌均匀。

制作步骤

9. 放入蛤蜊肉，再拌匀。

10. 加入适量酱油、白醋，搅拌均匀后，腌制10分钟，装盘，撒上熟白芝麻即可。

辣炒蛤蜊

有效改善酸性
体制的长寿汤

🥢 原料

蛤蜊300克

蒜苗50克

大葱20克

干红椒10克

🥄 调料

精盐4克

鸡精4克

味精3克

料酒20毫升 ⋯⋯ 可用黄酒
代替

植物油20毫升

辣椒油10毫升

准备工作

1. 准备蛤蜊300克，将蛤蜊放入清水中，加几滴油，吐尽泥沙，待用。

2. 准备蒜苗50克，洗净，切去根部，再切成段。

3. 大葱适量，洗净，切成丝；干红椒适量，洗净。

4. 将蛤蜊洗净后，放入沸水中，加入适量的料酒，复烧开，稍微煮片刻。

制作步骤

5. 锅中放入适量的油，烧热后，放入葱丝、红椒，煸炒出味。

6. 放入蛤蜊，翻炒片刻。

7. 放入适量的味精、鸡精、精盐调味。

8. 加入适量的料酒，翻炒均匀。

9. 放入蒜苗段，翻炒均匀。

10. 最后，放入适量的辣椒油，翻炒均匀，起锅装盘即可。

凉拌海带结

🥢 原料

海带结250克   蒜蓉适量
海米50克   红椒丝适量
油炸花生米50克   葱丝适量
干红椒适量

🥄 调料

鸡精3克   香油10毫升
味精3克   植物油10毫升
白糖4克
生抽10毫升

可用熟鸡油
代替

🍳 准备工作

1. 准备海带结250克，海米50克，油炸花生米50克，干红椒、蒜蓉各适量。

2. 将海带结放入温水中，浸泡1小时，洗去盐分。

3. 然后将海带结放入沸水中，复烧开，煮约2分钟。

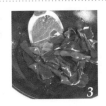

制作步骤

4. 将海带结放入器皿中，加入适量的鸡精、味精；放入适量的糖。

5. 放入适量的香油。

6. 加入适量的生抽，搅拌均匀。

7. 锅中放入适量的油，烧热后，放入海米、干红椒、蒜蓉，煸炒出味。

8. 将上一过程中的原料放在海带结上。

9. 放入油炸花生米，搅拌均匀，装盘，撒上适量的红椒丝、葱丝点缀即可。

麻香海带

🍵 原料

海带150克　　干红椒20克
猪肉70克　　大蒜20克
黄瓜片40克　　姜10克

🥄 调料

精盐2克
鸡精3克　⋯⋯　可用味精代替
花椒10克

植物油10毫升

准备工作

1. 将海带、猪肉、黄瓜片、干红椒、大蒜、花椒、姜准备好，备用。

2. 将干红椒切去根蒂，改刀成段。

3. 海带洗净，改刀成块。

4. 将猪肉洗净，剔除筋膜，切成丁，然后加入适量的生抽、淀粉，抓匀，腌制10分钟。

5. 将海带放入沸水中，复烧开，稍微煮1分钟，捞出沥水。

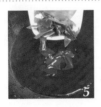

6. 锅中放入适量的油，烧热后，放入猪肉丁，煸炒出香味，再放入花椒、干红椒、大蒜、姜丝，翻炒均匀。

7. 放入黄瓜片，翻炒均匀。

制作步骤

8. 放入海带，翻炒均匀。

9. 加入适量的精盐、鸡精，翻炒入味。

10. 起锅，装盘即成。

豆豉烧黄花鱼

🍲 原料

黄花鱼1条（约500克）

干红椒20克

姜20克

葱20克

🥄 调料

老抽5毫升 ⋯⋯⋯ 可用酱油代替

蒸鱼豉油20毫升

精盐6克

鸡精4克 ⋯⋯⋯ 可用味精代替

料酒20毫升 ⋯⋯⋯ 可用黄酒代替

植物油500毫升

豆豉20克

高汤100毫升 ⋯⋯⋯ 可用清水代替

八角1个

🍴 准备工作

1. 将黄花鱼去除内脏，洗净，控干水分待用。

1

2. 将干红椒洗净，去除根蒂，改刀成段。

2

3. 姜去皮，洗净，切成薄片；大葱洗净，切成丝。

3

4. 在黄花鱼身上切上一字型花刀，如图，两面都切。

4

5. 将改刀后的黄花鱼放入八成热油锅中，炸至表面酥黄，捞出控油后，放入盘中。

5

6. 锅留底油，放入干红椒、葱丝、姜片、八角，煸炒出香味。

7. 放入老抽，翻炒均匀。

制作步骤

6

7

8

9

10

8. 放入蒸鱼豉油。

9. 加入高汤，放入豆豉、盐、鸡精、料酒，搅拌均匀，大火烧开。

10. 将过程9的汤汁趁热浇在黄花鱼身上即可。

清蒸黄花鱼

🥘 原料

黄花鱼1条（约500克）
红椒20克
大葱20克

🥄 调料

精盐4克
生抽10毫升
蒸鱼豉油20毫升

植物油500毫升

🧹 准备工作

1. 将黄花鱼去除内脏、鱼鳞，洗净后控干水分。

2. 将黄花鱼沿着脊背切开（两边都切），两边抹上精盐，然后将黄鱼放入蒸盘中，鱼背朝上，固定好。

3. 把红椒洗净，去除根蒂、籽，刮去辣椒肉，将辣椒皮切成细丝，放入清水中待用。

4. 大葱洗净，切成细丝。

制作步骤

5. 将葱丝、干红椒放入盘中。

6. 浇上蒸鱼豉油。

7. 浇上生抽，盖上锅盖，大火蒸约10分钟，关火虚蒸3分钟。

8. 最后，撒上红椒丝、葱丝点缀即可。

葱姜鲫鱼

🍲 原料

鲫鱼1条（约500克）
姜20克
葱20克

🥄 调料

精盐4克   ⸱⸱⸱可用味精代替
鸡精4克   ⸱⸱⸱可用酱油代替
生抽10毫升   ⸱⸱⸱可用黄酒代替
料酒20毫升

老抽5毫升
植物油500毫升
高汤400毫升   ⸱⸱⸱可用清水代替

🪥 准备工作

1. 准备鲫鱼1条，去除内脏，洗净备用。

2. 把姜洗净，切成片。

3. 大葱洗净，切成丝。

4. 将鲫鱼洗净后，斩成大小合适的块。

5. 把鲫鱼块放入八成热油锅中，炸至表面酥黄，捞出控油。

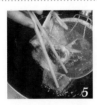

6. 锅留底油，放入姜片、葱丝、蒜苗，煸炒出味。

7. 加入适量的高汤，大火烧开。

制作步骤

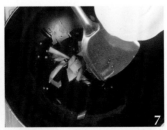

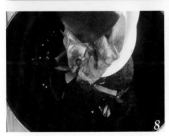

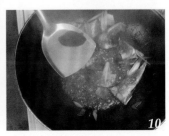

8. 放入过油后的鲫鱼块，复烧开。

9. 加入适量的鸡精、精盐、生抽、料酒，搅拌均匀。

10. 放入老抽，搅拌均匀，中火继续炖片刻，起锅装盘，撒上红椒丝即可。

酸菜鲈鱼

🥣 原料

鲈鱼1条（500克）
酸菜100克
鸡蛋1只
姜片20克

🥄 调料

精盐5克
鸡精4克　　可用味精代替
生抽10毫升
胡椒粉10克
植物油500毫升

高汤400毫升
香油10毫升　　可用清水代替
生粉20克
花椒10克　　可用红薯粉代替

最不能等待的，是亲情

🔪 准备工作

1. 准备鲈鱼1条（500克），酸菜100克，鸡蛋1个，姜片20克，备用。

2. 酸菜洗净，改刀成2厘米长的段。

3. 将鲈鱼洗净，先将鱼身两边的鱼肉片下，然后将鱼肉改刀成小块，把鱼脊骨斩成块。

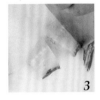

4. 把鱼肉和鱼骨放入器皿中，打入1个鸡蛋清。

5. 放入适量的精盐、鸡精、生抽、生粉，拌匀后，腌制10分钟。

6. 将鱼块放入八成热油锅中，炸至表面酥黄，捞出控油。

7. 锅中放入适量的高汤，放入姜片、过油后的鱼块，大火烧开。

制作步骤

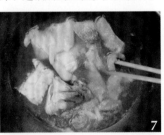

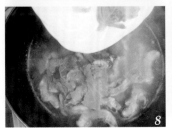

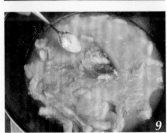

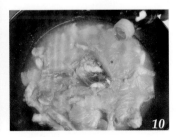

8. 放入酸菜段，搅拌均匀。

9. 放入适量的精盐、鸡精、胡椒粉。

10. 最后放入适量的麻油，搅拌均匀，起锅装盘，撒上适量的红椒丝、小葱段、花椒粒即可。

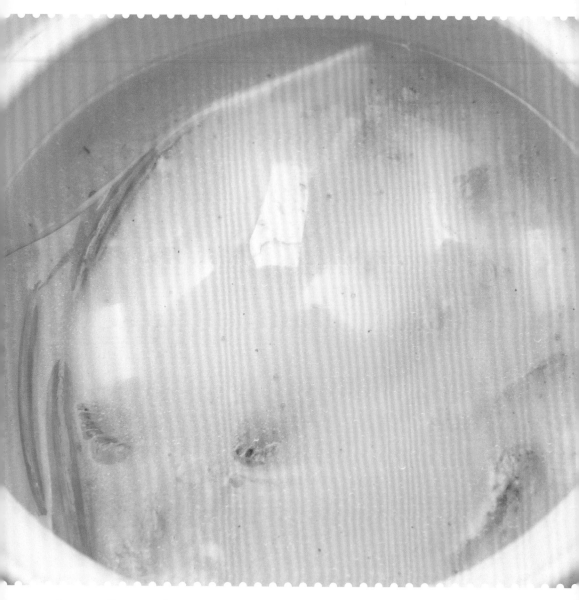

泥鳅煲

🍲 原料

泥鳅800克
嫩豆腐150克
葱段15克
姜片15克

🥄 调料

精盐1小匙（约5克）
鸡精1小匙（约5克）   可用味精代替
胡椒粉5克
植物油10毫升
熟油10毫升   可用香油代替

🍳 准备工作

1. 将泥鳅宰杀好，嫩豆腐、葱姜分别洗净备用。

2. 将嫩豆腐洗净，切成约4厘米长、3厘米宽的薄方形块。

3. 小葱洗净，切成葱花和葱段。

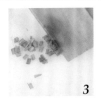

4. 泥鳅洗净后，放入沸水锅中。

5. 泥鳅变色后，用漏勺捞出沥水，待用。

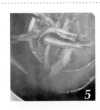

6. 另置锅，放入植物油，烧热后炸香姜片、葱段，然后放入清水，水烧开，放入泥鳅。

7. 放入泥鳅后，再放入豆腐块，复烧开。

制作步骤

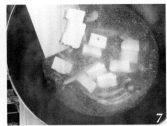

8. 烧开后，撇去浮沫，将汤倒入砂锅中，调入适量的鸡精，继续小火炖约15分钟。

9. 泥鳅汤炖至汤色奶白，放入适量的精盐调味。

10. 最后加入适量的胡椒粉，滴入少许熟油，撒上葱花即可。

水煮泥鳅

🍲 **原料**

泥鳅500克
芋头150克
葱20克
姜20克
干红椒10克

🥄 **调料**

精盐6克 ·········· 可用味精代替
鸡精4克
料酒20毫升 ·········· 可用黄酒代替
老抽5毫升 ·········· 可用酱油代替
植物油500毫升

八角1个
高汤300毫升 ·········· 可用清水代替

🍴 准备工作

1. 将泥鳅去除内脏，斩去头，洗净，沥水。

2. 把芋头削去外皮。

3. 芋头去皮后，切成薄片。

4. 将沥水后的泥鳅放入沸水中，加入料酒，焯水后，捞出沥水。

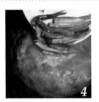

制作步骤

5. 将芋头片放入八成热油锅中，炸至表面金黄，捞出控油。

6. 锅留底油，放入葱、姜、干红椒、八角，煸炒出味。

7. 放入焯水后的泥鳅，加入老抽，翻炒上色。

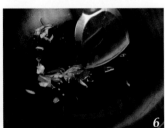

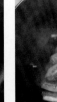

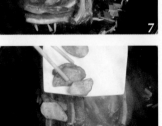

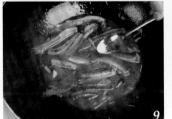

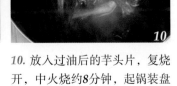

8. 放入高汤，搅拌均匀，大火烧开。

9. 加入精盐、鸡精，翻炒均匀。

10. 放入过油后的芋头片，复烧开，中火烧约8分钟，起锅装盘即可。

什锦鳝片

🍲 原料

鳝鱼400克　　小葱20克
鸡腿菇100克　姜20克
平菇80克　　　干红椒10克
豆芽100克　　大蒜10克
香菇70克

🥄 调料

精盐6克
鸡精4克　　⟶　可用味精代替
老抽5毫升　⟶　可用酱油代替
生粉20克　　⟶　可用红薯粉代替
植物油20毫升

八角1个
高汤300毫升　⟶　可用清水代替

🪓 准备工作

1. 将鳝鱼、鸡腿菇、平菇、豆芽、香菇等原料洗净备用。

2. 将鳝鱼洗净后，用刀背将鳝鱼拍扁，如图。

3. 然后将拍扁后的鳝鱼片成抹刀片。

4. 将鳝鱼片放入小碗中。

5. 加入部分精盐、鸡精，放入生粉，用筷子搅拌均匀，腌制10分钟。

6. 将腌制后的鳝鱼片放入沸水中，焯水后，捞出沥水。

7. 把鸡腿菇、平菇、豆芽、香菇放入沸水中，加少量精盐，焯水后，捞出沥水，放入盘中。

制作步骤

8. 锅中放入油，烧热后，放入干红椒、八角、葱段、姜片、大蒜，煸炒出味，放入高汤烧开。

9. 加入精盐、鸡精、老抽，放入焯水后的鳝鱼片，搅拌均匀，复烧开，稍微煮2分钟。

10. 将上述锅中的原料倒入盘中蔬菜上即可。

鳝鱼烧茄子

🍲 原料

鳝鱼1条（约500克）　　蒜薹40克
茄子100克　　　　　　大蒜20克
红椒50克　　　　　　　干红椒10克
青椒50克

🥄 调料

精盐8克　　可用味精代替
鸡精4克　　可用酱油代替
老抽5毫升
植物油500毫升

八角1个　　可用清代替
高汤200毫升

准备工作

1. 将茄子、红椒、青椒洗净；鳝鱼去除内脏，洗净。

1

2. 把鳝鱼洗净后，先在背上切上均匀的"一"字形花刀，再切成3厘米长的段。

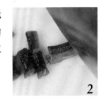

2

3. 茄子洗净后，切成滚刀块。

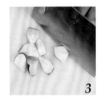

3

4. 红椒、青椒洗净，去除籽、根蒂，切成块；蒜薹洗净，切成段。

4

制作步骤

5. 将茄子块放入八成热油锅中，炸至边缘变色，捞出控油。

5

6. 锅留底油，放入大蒜、干红椒、八角，煸炒出味。

6

7. 放入鳝鱼段，煸炒片刻，炒至变色。

7

8. 放入老抽，煸炒上色。

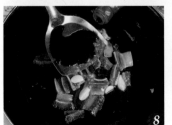

8

9. 加入高汤、精盐、鸡精，搅拌均匀，烧开后，中火烧约4分钟。

9

10. 放入茄子块、蒜薹段、红椒块，搅拌均匀，继续烧约3分钟，起锅装盘即可。

10

宫保大虾

🦐 原料

基围虾300克
腰果100克
大蒜10克
干红椒10克

🔪 调料

精盐6克
鸡精4克 ⟶ 可用味精
代替
植物油500毫升
花椒5克

生粉15克

⟶ 可用红薯粉
代替

如同中了
五百万

🍳 准备工作

1. 将基围虾、腰果准备好；基围虾洗净后，焯水待用。

2. 大蒜去皮洗净，切成薄片。

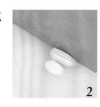

3. 基围虾切去头部、外壳。

4. 将虾背部开一刀，取出虾线。

🥄 制作步骤

5. 把腰果取出，放入八成热油锅中，炸酥黄，捞出控油。

6. 锅留底油，放入蒜片、干红椒、花椒，煸炒出味。

7. 放入过油后的腰果，翻炒均匀。

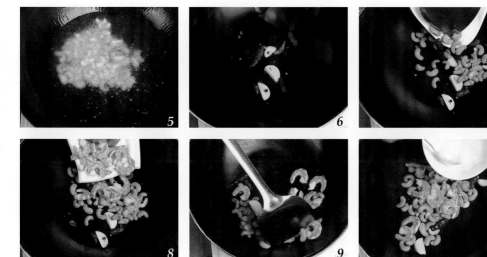

8. 放入虾仁，加入精盐、鸡精调味。

9. 翻炒均匀，将虾仁炒熟。

10. 淋入生粉芡汁，翻炒均匀，起锅装盘即可。

椒盐虾

🍲 原料

基围虾400克
大蒜20克
蒜苗20克

🥄 调料

精盐4克
鸡精4克
胡椒粉10克

可用味精
代替

植物油500毫升

准备工作

1. 将基围虾洗净，焯水后，捞出沥水。

2. 大蒜去皮洗净，切成蒜粒；蒜苗洗净，去根，切成粒。

制作步骤

3. 将基围虾沥干水分后，放入八成热油锅中。

4. 将基围虾表面炸至酥黄，捞出控油。

5. 锅留底油，放入蒜粒、蒜苗粒，煸炒出味。

6. 放入过油后的基围虾。

7. 放入基围虾后，不停翻炒，使基围虾和蒜粒均匀。

8. 加入精盐、鸡精调味，翻炒均匀。

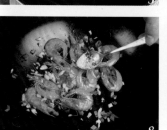

9. 放入胡椒粉，翻炒均匀。

10. 放入调料，翻炒均匀后，起锅装盘即可。

什锦小河虾

🥘 原料

白米虾400克
西芹片300克
鸡腿菇100克
草菇100克

🧂 调料

精盐7克
鸡精4克 ⟍ 可用味精
代替
胡椒粉10克
生抽10毫升

植物油500毫升
生粉20克 ⟍ 可用红薯粉
代替

✂ 准备工作

1. 将白米虾、西芹片、鸡腿菇、草菇洗净，备用。

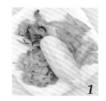

2. 白米虾洗净后，摘去头，放入碗中。

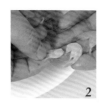

3. 草菇洗净，顺长切成块；鸡腿菇洗净，切成片。

4. 白米虾放入碗中后，加入精盐、鸡精、生抽。

5. 淋入生粉芡汁。

6. 放入调味料和生粉芡汁后，用筷子搅拌均匀。

制作步骤

7. 将鸡腿菇片、草菇、西芹片放入沸水中，复烧开，捞出沥水。

8. 将腌制的白米虾放入八成热油锅中，炸至酥黄，捞出控油。

9. 锅留底油，放入过程1焯水后的原料，煸炒片刻，放入油炸白米虾。

10. 翻炒片刻，放入胡椒粉，再翻炒均匀，起锅装盘即可。

虾仁炒毛豆

🍲 原料   🥄 调料

虾仁300克   精盐7克   生抽10毫升

毛豆150克   鸡精4克   可用味精代替   植物油20毫升

红椒50克   料酒15毫升   可用黄酒代替   生粉10克   可用红薯粉代替

🍴 准备工作

1. 虾仁洗净，在背部开一刀，去除虾线。

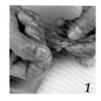

2. 红椒洗净，去除根蒂、籽，切成三角块。

3. 将虾仁去除虾线后，放入碗中，加入鸡精、精盐、料酒、生抽，腌制10分钟。

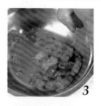

4. 毛豆洗净，放入沸水中。

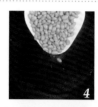

5. 将毛豆放入沸水后，复烧开，将毛豆煮至断生，捞出沥水。

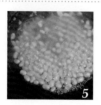

6. 把腌制的虾仁，放入沸水中，复烧开，稍煮片刻，捞出沥水。

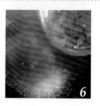

7. 锅中放入油，烧热后，放入毛豆，煸炒片刻，再放入虾仁、红椒块，翻炒均匀。

8. 加入准备好的精盐，翻炒均匀。

制作步骤

9. 放入鸡精，翻炒均匀。

10. 淋入生粉芡汁，复烧开，起锅装盘即可。

虾仁山药

🥢 原料

基围虾300克　　　　干木耳20克
山药100克　　　　　白果20克
辣椒（青、红）50克

🥄 调料

精盐7克 ···· 可用味精代替　　　植物油30毫升
鸡精4克
白醋5毫升 ···· 可用老陈醋
代替

🍳 准备工作

1. 将基围虾洗净焯水，山药、木耳、辣椒准备好，备用。

2. 基围虾焯水后，剥去外壳。

3. 木耳放入温水中浸泡1小时，泡发后，撕成小块。

4. 辣椒洗净，去除根蒂、籽，切成小块。

5. 山药洗净去皮，切成薄片。

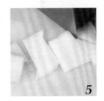

6. 将山药片放入沸水中，焯水后捞出沥水。

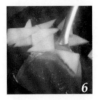

7. 锅中放入油，烧热后，放入山药片、辣椒块、木耳、白果，煸炒片刻。

8. 放入虾仁，翻炒均匀。

制作步骤

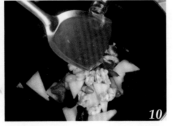

9. 加入精盐、鸡精调味，翻炒均匀，将原料炒熟。

10. 放入白醋，翻炒均匀，起锅装盘即可。

香葱炒蟹

🦀 原料

毛蟹2只（约400克）
小葱50克
姜20克

🥄 调料

精盐5克
鸡精4克 ⸺ 可用味精代替
植物油20毫升

高汤100毫升 ⸺ 可用清水代替
生粉20克 ⸺ 可用红薯粉代替

🍳 准备工作

1. 将毛蟹、小葱、姜准备好，备用。

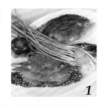

2. 姜洗净后，切成片；小葱洗净，去除根部，切成段。

3. 毛蟹洗净，将壳掰开，里面也清洗干净。

4. 将毛蟹斩成小块，放入沸水中焯水后，捞出沥水。

制作步骤

5. 锅中放入油，烧热后，放入小葱、姜片，煸炒出味。

6. 加入高汤，大火烧开。

7. 放入精盐、鸡精调味，搅拌均匀。

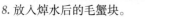

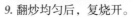

8. 放入焯水后的毛蟹块。

9. 翻炒均匀后，复烧开。

10. 淋入生粉芡汁，大火烧开收汁，起锅装盘即可。

香酥小银鱼

🥣 原料　　　　　🥄 调料

小银鱼300克　　　精盐5克

鸡蛋1只　　　　　鸡精4克

杭椒50克　　　　 味精3克

姜丝10克　　　　 植物油400毫升

干红椒丝10克　　 高汤200毫升 ⌁ 可用清水代替

可用红薯粉
代替
生粉20克 ⌁

准备工作

1. 将小银鱼、鸡蛋、杭椒、姜丝、干红椒丝准备好，备用。

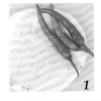

2. 将杭椒洗净，切去根蒂，然后切成斜刀段。

3. 将小银鱼放入器皿中，加入适量的精盐、味精、鸡精。

4. 放入适量的生粉。

5. 将鸡蛋打散，放入银鱼中。

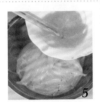

6. 用筷子搅拌均匀，腌制10分钟。

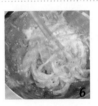

7. 将腌制的银鱼放入八成热油锅中。

8. 把银鱼炸至酥黄，用漏勺捞出，控净油。

制作步骤

9. 锅留底油，放入姜丝、干红椒丝、杭椒段，煸炒出味。

10. 放入过油后的小银鱼，翻炒均匀，起锅装盘即可。

银鱼蒸蛋

🍲 原料　　🥄 调料

银鱼150克　　精盐5克　　　可用味精代替　　高汤50毫升　　　可用清水代替
鸡蛋2只　　　鸡精4克
小葱15克　　　蒸鱼豉油15毫升　　可用花生油、
　　　　　　　　　　　　　　　　豆油代替

🧹 准备工作

1. 将银鱼、鸡蛋、小葱准备好，备用。

2. 将鸡蛋打入蒸盘中。

3. 加入适量的鸡精。

4. 放入适量的精盐。

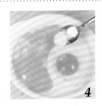

5. 加入少许高汤，然后搅拌均匀。

制作步骤

6. 将蒸盘放入蒸锅中，盖上盖，先将鸡蛋液蒸至定型，再放入银鱼。

7. 将银鱼铺在蛋羹上，盖上盖，再蒸6分钟，将银鱼蒸熟。

8. 掀开锅盖，淋入适量的蒸鱼豉油，撒上小葱花即可。

小炒鱿鱼丝

🍲 原料

鱿鱼300克
洋葱60克
青椒50克
红椒50克

🧂 调料

精盐5克
鸡精4克
老抽5毫升 ----- 可用酱油代替
植物油20毫升

换种方式
炒鱿鱼

🍳 准备工作

1. 将鱿鱼、洋葱、青椒、红椒准备好，备用。

2. 将青椒、红椒分别洗净，去根蒂、籽，切成丝。

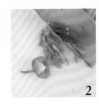

3. 洋葱洗净，去根部，切成丝。

4. 鱿鱼洗净，去除筋膜，切成丝。

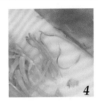

5. 将鱿鱼丝放入沸水中，复烧开，烧煮片刻，捞出沥水。

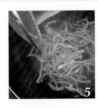

6. 锅中放入适量的油，烧热后，放入辣椒丝、洋葱丝，煸炒出味。

7. 放入鱿鱼丝，翻炒均匀。

制作步骤

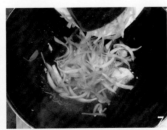

8. 大火，炒约4分钟。

9. 放入适量的盐、鸡精，翻炒均匀。

10. 再放入少许老抽，翻炒上色，起锅装盘即可。

韭菜鲜鱿花

🍃 原料   🥄 调料

水发鱿鱼500克   精盐7克

韭菜150克   鸡精4克 ……… 可用味精代替

鲜红椒50克   植物油30毫升

野山椒30克   辣椒油10毫升

🧹 准备工作

1. 准备水发鱿鱼400克，切成鱿鱼花；韭菜150克，鲜红椒、野山椒各适量。

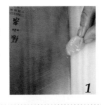

2. 鱿鱼切成小块，再切成花刀后，放入沸水锅中，焯去异味，捞出沥水。

3. 鲜红椒洗净，去除根蒂、籽，切成红椒丝。

4. 韭菜洗净，择净烂叶子，切成2厘米长的段。

制作步骤

5. 锅中放入适量的油，烧六成热后，放入野山椒，煸炒出味。

6. 放入鱿鱼花，翻炒均匀。

7. 大火不停地翻炒3分钟左右。

8. 放入适量的精盐、鸡精调味。

9. 再放入适量的辣椒油，翻炒均匀。

10. 放入韭菜段、红椒丝，翻炒均匀，原料炒熟后（放入韭菜后，再大火炒约3分钟就基本可以了），起锅装盘即可。

山笋烩鱿鱼

🍲 原料

鱿鱼200克   草菇50克
山笋100克   泡椒20克
水发香菇50克   小葱10克

🥄 调料

精盐7克   可用味精代替   植物油20毫升
鸡精4克   高汤100毫升   可用清水代替
老抽5毫升   可用酱油代替

🍳 准备工作

1. 将鱿鱼、山笋、水发香菇、草菇、泡椒、小葱准备好，备用。

2. 将草菇洗净，顺长切成块。

3. 山笋洗净，切成斜刀段；水发香菇洗净，切成块。

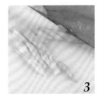

4. 鱿鱼洗净去筋膜，切上花刀，再改刀成块。

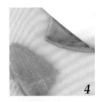

5. 将鱿鱼块放入沸水中，复烧开，焯至断生后，捞出沥水。

6. 将山笋、香菇、草菇，放入沸水中，复烧开，捞出沥水。

7. 锅中放入适量的油，烧热后，放入准备工作6焯水后的原料及泡椒，翻炒均匀。

8. 加入适量的高汤，大火烧开。

制作步骤

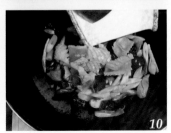

9. 加入适量的精盐、鸡精、老抽，翻炒均匀。

10. 放入鱿鱼块翻炒，烩约5分钟，起锅装盘，撒小葱即可。

豆豉蒸扇贝

🍲 原料 | 🥄 调料

扇贝3只 | 豆豉30克
粉丝60克 | 蒸鱼豉油30毫升

✎ 准备工作

1. 将扇贝、粉丝、放入盘中。

2. 将粉丝放入热水中，浸泡软透后，捞出沥水。

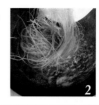

3. 将扇贝洗净，用刀撬开壳，将扇贝肉取出。

---

4. 用一个扇贝壳当容器，粉丝垫底，再放入扇贝肉。

5. 将扇贝放入盘中，然后将盘子移入蒸锅中。

制作步骤

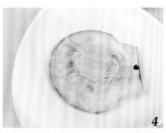

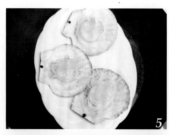

6. 将豆豉取出，剁碎，放入扇贝上。

7. 加入蒸鱼豉油。

8. 将盖上锅盖，上汽后，蒸约10分钟，关火，虚蒸3分钟即可。

图书在版编目（CIP）数据

第一厨娘家常菜 / 孙晓鹏主编. -- 长春：吉林
科学技术出版社，2013.11
　ISBN 978-7-5384-7248-6

　Ⅰ．①第… Ⅱ．①孙… Ⅲ．①家常菜肴—菜谱
Ⅳ.①TS972.12

中国版本图书馆CIP数据核字(2013)第266963号

第一厨娘家常菜
DIYI CHUNIANG JIACHANGCAI

主　　编　孙晓鹏（YOYO）
拍摄助理　胡海洋　李　静　李　娟　李　倩　李晓林
　　　　　刘　刚　刘　强　刘海燕　刘建伟　王　静
　　　　　王海波　姚　兰　于　娟　张　莉　张红艳
出 版 人　李　梁
策划责任编辑　隋云平
执行责任编辑　李永百　黄　达
封面设计　南关区涂图设计工作室
技术插图　长春市创意广告图文制作有限责任公司
开　　本　710mm×1000mm　1/16
字　　数　294千字
印　　张　17
印　　数　1-12 000册
版　　次　2014年4月第1版
印　　次　2014年4月第1次印刷

出　　版　吉林科学技术出版社
发　　行　吉林科学技术出版社
地　　址　长春市人民大街4646号
邮　　编　130021
发行部电话/传真　0431-85677817　85635177　85651759
　　　　　　　　　85651628　85600611　85670016
储运部电话　0431-86059116
编辑部电话　0431-85659498
网　　址　www.jlstp.net
印　　刷　长春第二新华印刷有限责任公司

书　　号　ISBN 978-7-5384-7248-6
定　　价　35.00元
如有印装质量问题可寄出版社调换